国家科学技术学术著作出版基金资助出版

科普场馆产业发展能力研究

冯 羽 郑 念 等 著

科 学 出 版 社

北 京

内容简介

本书围绕科普场馆产业发展能力,借鉴科普产业统计指标、地区科普能力评价体系等方面的研究成果,基于科普场馆产业的基本内涵及其影响要素,设计科普场馆产业能力的评估标准和指标体系,选取具有典型性、标志性的科普场馆,通过调查问卷、统计资料等多种途径获取数据,采用定性和定量相结合的方法,评价分析我国典型科普场馆的产业发展能力,提出新时代促进我国科普场馆产业发展能力提升的建议。

本书可供科学与技术教育、科学技术哲学、博物馆学等相关专业本科生、研究生,科普机构研究人员及对科技馆、博物馆感兴趣的人群阅读、参考。

图书在版编目(CIP)数据

科普场馆产业发展能力研究 / 冯羽等著. —北京:科学出版社,2020.6
 ISBN 978-7-03-065299-7

Ⅰ.①科… Ⅱ.①冯… Ⅲ.①科普工作-科学馆-产业发展-研究-中国 Ⅳ.①G322

中国版本图书馆 CIP 数据核字(2020)第 092267 号

责任编辑:朱 灵 / 责任校对:谭宏宇
责任印制:黄晓鸣 / 封面设计:殷 靓

科 学 出 版 社 出版
北京东黄城根北街 16 号
邮政编码:100717
http://www.sciencep.com

南京展望文化发展有限公司排版
江苏句容市排印厂印刷
科学出版社发行 各地新华书店经销

*

2020 年 6 月第 一 版 开本:787×1092 1/16
2020 年 6 月第一次印刷 印张:11.25
字数:270 000

定价:100.00 元
(如有印装质量问题,我社负责调换)

本书系

国家科学技术学术著作出版基金资助

中国科普研究所"国家科普能力监测与评估"的子课题研究成果

《科普场馆产业发展能力研究》编委会

顾　　问
　　褚君浩（中国科学院院士）
　　叶叔华（中国科学院院士）

指导专家（以姓氏笔画为序）
　　王康友　汤书昆　陈克伦　武志勇　周荣庭　颜　实

主　　编　冯　羽　郑　念
副 主 编　张仁开　倪　杰　佟贺丰　王　明　任嵘嵘　项德鉴　郑　巍

编　　委（以姓氏笔画为序）
　　王　明（湖南科技大学）　　　　　　　张建卫（上海市科普教育基地联合会）
　　王晨玮（上海博物馆）　　　　　　　　周相荣（中国船舶重工集团公司）
　　冯　羽（上海博物馆）　　　　　　　　郑　念（中国科普研究所）
　　朱海菲（上海科技馆）　　　　　　　　郑　巍（上海科技馆）
　　任嵘嵘（东北大学秦皇岛分校）　　　　项德鉴（上海科技馆）
　　何　鑫（上海自然博物馆）　　　　　　侯　君（华东师范大学）
　　佟贺丰（中国科学信息技术研究所）　　倪　杰（上海科技馆）
　　张仁开（上海市科学学研究所）　　　　梅向群（文汇新民联合报业集团）

序一

"科技创新、科学普及是实现创新发展的两翼,要把科学普及放在与科技创新同等重要的位置。没有全民科学素质普遍提高,就难以建立起宏大的高素质创新大军,难以实现科技成果快速转化。"近年来,社会经济发展和产业转型升级对创新人才的需求日益增长,公众对科普产品和服务的需求也在不断升级。当前,我国社会主要矛盾已经转化为人民日益增长的美好生活需要和不平衡不充分的发展之间的矛盾,在科普工作中则表现为社会公众对科普产品和服务的现实需求和科普发展不平衡不充分之间的矛盾。因此,发展科普产业,使其和科普事业共同发挥更大能量,促进我国科普能力的不断提升,显得特别重要。

科普场馆作为一个向社会公众传播科学知识、科学方法和科学精神的重要场所,肩负着重要的责任。科普场馆如何更好地促进机制创新,开展内容丰富多彩、形式多元化的科普教育活动,对其可持续发展有着重要的意义。目前,我国多数科普场馆还主要依靠科普事业支撑,科普场馆产业发展仍显不足。要着力推动科普场馆产业的发展,平衡我国科普发展的两翼,使科普事业和科普产业协调发展、共同发力,适应新时代我国科普工作的新趋势、新要求,为进一步提升国家科普能力提供有益助力。

推动科普场馆产业发展,需要正确评估科普场馆产业发展能力,这是一项复杂而有挑战性的工作。要做好这项研究工作,需要清楚辨析科普场馆产业状况,需要分解产业发展能力的分析维度,需要构建产业能力之间的关系。而要做好这些工作,研究者不仅要熟悉科普能力的评估方法,而且要充分了解科普场馆的制度、架构和功能等。同时,在理念向现实转换的过程中,研究者还必须对场馆的管理隶属、功能发挥、社会影响等现实问题进行充分的评估。研究工作还需要梳理当前科普场馆产业发展的困境,提出促进科普场馆提升产业发展能力的思路和建议。所以,完成这项研究工作无疑是非常有意义的。

我十分欣喜地看到,呈现在大家面前的《科普场馆产业发展能力研究》一书,作为国家科普能力发展评估研究的重要组成部分,系统阐述了研究成果。该书系统论述了科普产业、科普场馆产业、科普场馆产业发展能力等相关概念的内涵外延;深入分析了作为一个产业,科普场馆发展的基本规律、途径与方法;介绍了国内外科普场馆产业发展的案例,并论述了发展能力评估方法;选取了国内近20个具有典型性、标志性的科普场馆,通过聚类法及其他定性和定量分析技术,调研并分析评测了科普场馆产业发展能力,梳理出当前我国科普场馆产业发展的困境,提出了新时代促进科普场馆提升产业发展能力的思路和建议,同时也进一步分析了全国科普产业发展的现状、瓶颈并提出培育发展的建议。该书研究了国内科普场馆与科普产业的协同发展问题,具有较高的学术价值和应用价值,能为科普场馆产业能力发展与研究提供借鉴,为国家制订提升科普场馆产业发展能力决策提供参考。

  该书作者冯羽副研究馆员长期在博物馆行业工作,她勤恳兢业地在科学传播与博物馆实践等方面进行研究,主持完成多个研究课题。如今呈现在大家面前的这本研究专著,就是其带领的课题组承担中国科普研究所"国家科普能力监测与评估"项目的子课题研究成果。该书得到国家科学技术学术著作出版基金的资助。相信该书能够为更加有效地促进科普场馆产业发展、更加高质量地促进我国公民科学文化素质的提高,提供科学参考。

中国科学院院士

2020 年 3 月 31 日

序二

郑念研究员让我为《科普场馆产业发展能力研究》这本书写篇序言，我在犹豫中答应了。我很少为正式出版的书写序，深知文短难度大，作者一般都是本领域的专家，甚至是"大家"，我只能从管理者和公众的视角出发去思考，这是犹豫的原因；答应是基于我从2005年初从科技部调入中国科协，其中一项工作就是主持制订《全民科学素质行动计划纲要（2006—2010—2020年）》，由国务院颁布实施并成立领导小组，陈至立同志任组长、邓楠同志任副组长、我任领导小组成员兼办公室主任，对科普场馆有一点了解。在科技部数字科技馆项目中，我任组长，加之从2012年8月开始至今，协助中国科技馆发展基金会提出并推动农村中学科技馆的建设，已经运行850所，今年可以完成建成1 000所的既定目标。实践证明，科普场馆产业发展能力是值得研究的课题。

在新冠肺炎疫情期间，宅家读书更专注，我泛读、精读了由冯羽、郑念主编的《科普场馆产业发展能力研究》电子版书稿。全书5篇11章26节，作为中国科普研究所2018年度"国家科普能力监测和评估研究"的部分研究成果，值得一读。全书有16位作者，都是这一领域工作在一线的中青年骨干，在某种意义上，他们更有发言权。他们以上海地区的实践为主去总结、分析、探讨、展望，特别是提出的建议有一定参考价值。该书角度新颖、概念清晰、逻辑严谨、框架完整、理论实际结合，剖析现状、展望未来、提出问题、启发思考，读来受益匪浅。

思考之一，科普场馆产业界定。科普场馆产业是科普产业的一个细分领域和重要组成部分，是指围绕科普场馆的策划、建设、运营等全过程，主要通过市场化手段为社会公众提供各类产品和服务的机构（企业）的集合。这里有两个关键词，一是科普场馆，二是产业。中国科协在推进现代科技馆体系建设中指出，科普场馆包括实体科技馆和虚拟（数字）科技馆，在实体馆中有大中小馆、流动科技馆、农村中学科技馆。产业要有市场、有规模、纳入统计序列。探索建立科普产业统计调查制度，充分反映科普产业发展实况，促进科普产业健康发展，是摆在科普理论和实践工作者面前亟待解决的新挑战。

思考之二，科普场馆产业的地位。科普场馆作为科普事业发展的重要基础设施，作为科普工作的重要阵地，是国家科普能力的核心要素，在推动我国全民科学素质建设乃至文化、科技、教育全面发展中，将发挥越来越重要的作用。研究进一步激发科普场馆的活力，形成相互促进的科普场馆体系的良性发展机制，是提升国家科普能力，促进科学文化建设的一项十分重要的基础性工作。所谓基础性工作，就是明天的事情一定要今天就去做。

思考之三，科普场馆产业发展能力的评价与测度。评估指标设计是建立在对科普场馆产业大量研究基础之上的,通过探寻科普场馆产业的共性分类设计出四级指标体系。其中,一级指标 5 个,二级指标 21 个,三级指标 62 个,四级指标 91 个。评测体系设定总评分值为 100 分,依据各级指标在整体评测体系中的重要程度和参考价值意义的不同,赋予各级指标不同的权重。通过专家打分方式,经过评估组评测后的指标评分,将参照设定后权重参数进行计算,得出总评结果。我曾任中国科学技术指标研究会两届理事长,10 多年的工作让我深知建立指标体系的苦处与难度。认准目标,复杂问题简单化,科普场馆产业发展能力的评价与测度的研究与付诸实施尚需努力。

思考之四,大数据是资源,更是战略资源。"十三五"规划提出要实施大数据战略,非常有必要。目前,我国大数据技术应用与产业发展还在起步阶段,与之相配套的法律法规还存在较大政策缺口。对于政府、研究机构、商业组织和社会机构的数据开放、信息公开的相关法律法规尚待进一步完善,缺乏关于搜集、存储、分析、应用数据的相关法规。大数据将改变人类思考方式,当然它也存在挑战和局限性,这可能关系到决策方法的改变。大数据的特征之一,是数据结构、数据的增长越来越非结构化,建立大数据资源的共建共享机制也迫在眉睫。这对于科技馆产业而言既是挑战,更是机遇。

思考之五,建立科技馆产业创新体系。加快从创新主体、创新资源、创新机制和创新环境建立科技馆产业创新体系是提升全民科学素质的路径之一。在这个四维创新体系中,创新主体是创新活动的行为主体,包括科技展品、作品企业、科技馆及大学、研发机构、有关学会、协会和政府,各自定好自己的位置很重要。创新资源是创新活动的基础,包括人才、经费、大数据,创新驱动,实质上是人才驱动。创新机制是创新体系有效运转的保证,包括激励机制、竞争机制、评价机制和监督机制。其中,评价机制的基础性最强,而执行难度也最大。如果没有正确、客观的评价,就谈不上有效的激励和监督。创新环境是维系和促进创新的保障,包括创新政策、法律法规、文化等软环境,信息网络、科技馆设施等硬环境,以及参与国际竞争合作的外部环境等。在落实《全民科学素质行动计划纲要》的总体要求下,政府出台了不少深化改革的文件,要认真学习、贯彻有关文件精神,激活创新主体、优化创新资源、建立创新机制、创造创新环境,关键是要做好顶层设计和抓好落实落地。

新时代需要新定位,更需要新作为。今年年初,新冠肺炎疫情发生后,党中央高度重视,习近平总书记亲自指挥、亲自部署、亲临一线,多次作出重要指示。在本书付印之时,恰逢抗"疫"复工复产关键时期,截至 4 月 10 日,据不完全统计,中国科协通过官网、今日科协、科普中国、科学辟谣、科界、数字科技馆、返朴、知识就是力量、科学大观园、绿平台等平台和各类新媒体,持续普及疫情防控知识、开展科学辟谣,共刊发相关报道 78 000 余篇,音视频 2 000 余个,总浏览量超 65 亿次。中国科技馆的科普资源总浏览量超近 13 亿次,"全国科技馆联合行动-科学实验挑战赛"提交作品数量达到 13 000 余个。农村中学科技馆作为中国特色现代科技馆体系建设中最基层的一环,在当前疫情防控攻坚期,虽然闭馆,但仍坚持多措并举,科普抗"疫"不停步,积极响应党和政府号召,勇做科普急先锋,为打赢疫情防控攻坚战作贡献。

党的十九大报告提出,我国发展新的历史方位——中国特色社会主义进入了新时代。与此相应,我国科普工作也面临新的使命和任务,这就是以人民为中心,大力提升全民科学素质,更好地为建成创新型国家和建设世界科技强国服务。为实现这一目标,需要我们大力提升国家科普能力,推进科普信息化、智能化、国际化发展,铸强创新发展的科普之翼,使科学普及与科技创新比翼齐飞。

希望本书能给科普事业决策者、理论研究与实践者提供新的视角,给科普事业发展提供新的路径,为科普场馆产业发展提供新的启示。

是为序!

中国科协原副主席、党组副书记、书记处书记
中国老科技工作者协会常务副会长

2020 年 4 月 11 日

前　言

在新一轮科技革命和产业变革交汇之际,促进公众科学素质提升被赋予新时代意义。习近平总书记强调:"科技创新、科学普及是实现创新发展的两翼,要把科学普及放在与科技创新同等重要的位置。"为实现这一目标,需要我们大力提升国家科普能力,铸强创新发展的科普之翼,使科学普及与科技创新比翼齐飞。

科普场馆作为科普发展的重要基础设施,作为科普工作的重要阵地,是国家科普能力建设的核心要素之一,在推动我国全民科学素质建设乃至文化、科技、教育全面发展中,将发挥越来越重要的作用。激发科普场馆的活力,形成相互促进的科普场馆体系的良性发展机制,是提升国家科普能力、促进科学文化建设的一项十分重要的基础性工作。

新时代,进一步提升国家科普能力,解决全国科普发展不平衡不充分的矛盾,成为科普研究工作者的应选和必答之题,《科普场馆产业发展能力研究》一书正是这一时代考题的答卷。通过研究,本书认为科普场馆是进行科技教育、科学普及的主要场地,是传播创新文化、发展科普文化产业的重要依托;科普场馆产业是科普产业的一个细分领域和重要组成部分,是指围绕科普场馆的策划、建设、运营等全过程,主要通过市场化手段为社会公众提供各类产品和服务的机构集合;科普场馆产业发展能力是科普场馆基于对场馆内外部资源的有效整合,形成具有独特特征、竞争对手难以仿效、能够给场馆带来长期稳定的市场经济收益、社会效益和竞争优势的综合能力。它并非是一种单一的能力,而是包含多种能力,是一个"能力系统",在该系统中,资源投入能力是基础,内容产出能力是关键,市场盈利能力是核心,创新开拓能力是保障,品牌营销能力是支撑,五者相互联系、相互促进,共同决定着科普场馆产业发展能力的强弱。

本书共分五篇。

第一篇"科普场馆产业发展概述",揭示了科普产业发展的重要意义,介绍了国内外的研究现状,阐释了科普场馆及其产业的概念、特征和发展能力的内涵特征,设计了科普场馆产业发展能力的构成模型,并对国内科技馆发展概况进行了简要介绍和初步建议。

第二篇"科普场馆产业发展案例",对英国、日本典型科普场馆及我国公益类、企业类典型科普场馆进行了产业发展情况的详细介绍和相关经验分析,为接下来的研究提供借鉴。

第三篇"发展能力评估体系建设",建立了科普场馆产业发展能力的评估指标体系,采用聚类分析及其他定性和定量分析技术,对国内典型性、标志性的近20个科普场馆的产业能力进行了评测分析,并使用了波特钻石理论模型分析框架,对上海地区典型代表性科普场馆产业竞争力的影响要素进行了统计分析。

第四篇"全国科普产业调查分析",基于全国科普统计调查数据,对我国科普产业能力发展现状和水平形成一个较为客观、系统的整体性判断,并预测了科普产业的发展趋势和前景,从而为政府制订科普产业政策、促进科普产业发展提供支撑。

第五篇"科普场馆产业发展对策",对科普场馆产业发展的主要困难进行了剖析,为我国科普场馆产业发展提供了科学策略和路径选择。同时,对新时代我国科普能力建设未来语境、科学文化建设价值走向等进行了有益探索,为上海乃至全国科普场馆的建设发展,以及提升国家科普能力、促进科普事业和科普产业融合发展提供了策略指引。

"科普场馆产业发展能力研究"作为中国科普研究所2018年度"国家科普能力监测和评估研究"的子课题,是在国家科普能力研究课题组的统一策划和安排下完成的,本书是课题研究成果的集中体现。本书的出版不仅从产业发展视角为我国科普场馆提供了可资借鉴的路径和策略,而且对于提升国家科普能力、促进科普事业的发展具有重要意义。中国科普研究所、上海博物馆、上海科技馆、中国科学技术信息研究所、上海市科学学研究所、华东师范大学、湖南科技大学、东北大学秦皇岛分校等单位的专家学者,为本书的成稿付出了辛勤劳动,在此深表感谢!

冯 羽 郑 念
2020年4月

目 录

序一
序二
前言

第一篇 科普场馆产业发展概述

第一章 绪论 ………………………………………………………………………… 3
  第一节 科普产业发展意义 ……………………………………………………… 3
  第二节 国内外的研究现状 ……………………………………………………… 11

第二章 科普场馆产业发展能力概述 …………………………………………… 19
  第一节 科普场馆与科普场馆产业概念及特点 ………………………………… 19
  第二节 科普场馆产业发展能力的内涵及特征 ………………………………… 25

第三章 国内科技馆发展概况 ……………………………………………………… 28
  第一节 国内科技馆总体情况 …………………………………………………… 28
  第二节 现状分析与相关建议 …………………………………………………… 30

第二篇 科普场馆产业发展案例

第四章 科普场馆产业发展的国外案例 ………………………………………… 37
  第一节 英国科普场馆产业发展案例 …………………………………………… 37
  第二节 日本科普场馆产业发展案例 …………………………………………… 49

第五章 科普场馆产业发展的国内案例 ………………………………………… 52
  第一节 公益类科普场馆产业发展典型案例 …………………………………… 52
  第二节 企业类科普场馆产业发展典型案例 …………………………………… 54

第三篇 发展能力评估体系建设

第六章 科普场馆产业发展能力评估体系 ……………………………………… 63
  第一节 产业发展能力评估指标设计 …………………………………………… 63

第二节　产业发展能力的评价与测度 …………………………………… 73

第七章　上海地区典型科普场馆产业竞争力影响要素评价 ……………… 79
　　第一节　产业竞争力研究对象与分析框架 ………………………………… 79
　　第二节　科普场馆产业竞争力的影响要素 ………………………………… 81
　　第三节　提升科普场馆产业竞争力的建议 ………………………………… 89

第四篇　全国科普产业调查分析

第八章　基于全国科普统计调查的定量分析 ……………………………… 95
　　第一节　统计框架与现状的分析 …………………………………………… 95
　　第二节　产业发展中的瓶颈问题 …………………………………………… 98
　　第三节　科普产业发展培育建议 …………………………………………… 101

第九章　基于 2019 年全国科普产业数据调查的分析 …………………… 104
　　第一节　分类界定与数据收集依据 ………………………………………… 104
　　第二节　数据分析与创新对策研究 ………………………………………… 106

第五篇　科普场馆产业发展对策

第十章　科普场馆产业发展的困境与对策 ………………………………… 115
　　第一节　科普场馆产业发展的主要困境 …………………………………… 115
　　第二节　科普场馆产业发展的政策建议 …………………………………… 117

第十一章　新时代科普能力建设的未来 …………………………………… 123
　　第一节　国家科普能力建设未来语境 ……………………………………… 123
　　第二节　中国科学文化建设价值走向 ……………………………………… 128
　　第三节　新时代上海科普发展新战略 ……………………………………… 133
　　第四节　上海培育科普文化品牌探索 ……………………………………… 141

主要参考文献 …………………………………………………………………… 149

后记 ……………………………………………………………………………… 158

撰写分工 ………………………………………………………………………… 161

编委简介 ………………………………………………………………………… 162

第一篇

科普场馆产业发展概述

第一章 绪 论

第一节 科普产业发展意义

一、科普产业与科普事业协调发展的重要意义

新中国成立以来,党和政府高度重视科普工作,颁布了一系列激励和保障科普事业与产业发展的政策法规,推动我国科普事业在继承中发展、在发展中创新,确保科普事业与产业在蓬勃发展中保持生机与活力。

(一)科普政策法制化和制度化奠定科普产业基础

2002年,第九届全国人民代表大会常务委员会第二十八次会议通过《中华人民共和国科学技术普及法》(以下简称《科普法》),其中第六条规定:"国家支持社会力量兴办科普事业。社会力量兴办科普事业可以按照市场机制运行。"作为世界上首部促进科普工作颁发的《科普法》,为社会力量开展科普工作奠定了法律保障。

2006年,国务院印发《关于实施〈国家中长期科学和技术发展规划纲要(2006—2020年)〉的若干配套政策的通知》(国发〔2006〕6号),提出"鼓励经营性科普文化产业发展,放宽民间和海外资金发展科普产业的准入限制,制定优惠政策,形成科普事业的多元化投入机制。"同年,国务院颁布了《关于印发〈全民科学素质行动计划纲要(2006—2010—2020年)〉的通知》(国发〔2006〕7号),提出"制定优惠政策和相关规范,积极培育市场,推动科普文化产业发展。"

2016年,国务院办公厅《关于印发〈全民科学素质行动计划纲要实施方案(2016—2020年)〉的通知》(国办发〔2016〕10号)提出"实施科普产业助力工程",要求"完善科普产业发展的支持政策,推动科普产品研发与创新,加强科普产业市场培育"。同年,国务院《关于印发"十三五"国家科技创新规划〉的通知》(国发〔2016〕43号)中指出要"以多元化投资和市场化运作的方式,推动科普展览、科普展教品、科普图书、科普影视、科普玩具、科普旅游、科普网络与信息等科普产业的发展。"中国科协《关于印发〈中国科协科普发展规划(2016—2020年)〉的通知》(科协发普字〔2016〕20号)指出,要"引导建设众创、众筹、众包、众扶、分享的科普生态,打造科普开源发展新格局。进一步把政府与市场、需求与生产、内容与渠道、事业与产业有效连接起来,实现科普的倍增效应"。

2017年,科技部、中宣部《关于印发〈"十三五"国家科普与创新文化建设规划〉的通知》(国科发政〔2017〕136号)明确提出要"推动科普产业发展,由重点开展公益性事业科普向统筹做好公益性科普事业与经营性科普产业转变,公益性科普事业和经营性科普产

业统筹协调发展．"同年,中共中央办公厅,国务院办公厅在《国家"十三五"时期文化发展改革规划纲要》中提出"'文化＋'行动：要推动文化创意与相关产业有机融合,增加文化含量和产业附加值,把文化资源优势转化为产业和市场优势"。

从2002年颁布的《科普法》,可以看出国家对科普工作的高度重视,不仅兼顾了公益性科普事业的发展,同时又为经营性科普产业的发展提供了制度保证,为科普产业的发展提供了法律制度保障。2006年,国务院先后颁发了两个纲要政策,都明确提出了"科普文化产业"的概念,进一步表明了国家态度,即鼓励科普文化产业的发展。因此,可以说2006年是科普文化产业政策正式推动的元年。十年后,国家政策对科普文化产业有了更大的支持力度,开始实施科普产业的助力工程,这就不是简简单单停留在科普产业概念层面,而是有了更为切实可行的工程计划和配套实施措施。2017年,国家进一步明确了科普产业和科普事业的关系,去除了人们对于发展"科普产业"的困惑,与此同时,国家推出了文化发展规划纲要,科普产业可以与文化产业很好地融合发展,形成"文化＋科普"的模式,科普产业发展有了更好的文化资源的政策助力。

从不同时期颁布的国家政策可以看出,科普政策的法制化奠定了科普产业发展的基础,科普产业是科普事业的重要补充,科普事业和科普产业融合发展、有效推进已经转化成了国家意志。

（二）科普需求多元化和数字化促进科普产业成长

党的十九大明确提出,我国进入中国特色社会主义新时代,"社会主要矛盾已经转化为人民日益增长的美好生活需要和不平衡不充分的发展之间的矛盾",尤其是党的十九届四中全会提出了实现国家治理体系和治理能力现代化的新方略。在新的历史背景下,人们对科普的需求也呈现出多元化、精准化要求,需要通过市场机制发挥更好的作用,这就为科普产业的发展提供了前所未有的时代机遇。

1. 内容需求的多元化　　科普需求是科普工作的终极动力,了解公众的科普需求,才能让公众有更多的科普获得感。近年来,通过多次问卷调查结果显示,我国公众对科普内容的需求范围显现出相对稳定与多元。

2007年,根据第七次中国公民科学素养调查结果发现,公众最感兴趣的科技发展信息依次为医学与健康(84.7%)、环境科学与污染治理(38.0%)、经济学与社会发展(33.2%)、军事与国防(25.2%)、计算机与网络(20.8%)、人文学科(历史、文学、宗教等)(11.4%)、天文学与空间探索(6.2%)、遗传学与转基因技术(5.9%)和材料科学与纳米技术(4.6%)。

2010年,根据第八次中国公民科学素养调查结果发现,公众最感兴趣的科技发展信息依次为医学与健康(82.7%)、经济学与社会发展(40.9%)、环境科学与污染治理(37.1%)、计算机与网络(29.9%)和军事与国防(29.8%)等。同年,我国城市社区科普的公众需求及满意度调查显示,医疗保健(61.8%)、食品安全(53.7%)、营养膳食(51.6%)的科普主题受到城市社区公众的关注度最高,所占比例超过半数,其他主题依次递减,分别是气候变化(25.3%)、服装/美容(21.5%)和节能环保(21.2%)等。

2011年,中国科协对于社会热点、焦点问题及其科普需求的调研报告显示,公众最感兴趣的科普主题依次是食品安全(63.4%)、突发灾害(50.0%)、环境污染(41.2%)、医疗健康(37.5%)、交通安全(36.8%)、信息安全(36.4%)和能源的开发与利用(18.3%)。

2014年,伍雪梅等学者对重庆地区的公众科普需求进行了调查与对策研究,发现大学生群体对低碳与节能环保、医学与健康、食品安全、职业技能类科普活动最感兴趣,中小学生群体对医学与健康、交通知识、低碳与节能环保、防火与自救知识比较感兴趣,而社会公众对医学与健康、低碳与节能环保、食品安全、经济学与社会发展比较感兴趣。

2015年,第九次中国公民科学素质调查结果显示,公众最感兴趣的科技发展信息依次为环境污染及治理(83.3%)、计算机与网络技术(63.6%)、宇宙与空间探索(50.3%)、遗传学与转基因技术(50.0%)、纳米技术与新材料(41.3%)。根据2015年中国网民科普需求搜索行为报告显示,中国网民科普搜索的主题位居前三的分别是健康与医疗(55.15%)、应急避险(11.07%)和信息科技(9.69%)。

2016年,由中国科协科普部组织发起,腾讯公司和中国科普研究所合作完成的"移动互联网网民科普获取及传播行为研究"显示,男性对科普内容最感兴趣的前三位分别是前沿科技、航空航天和能源利用,女性对科普内容更感兴趣的前三位分别是健康与医疗、食品安全和应急避险。2016年全年各科普主题用户关注的依次分别是信息科技(24.8%)、健康与医疗(23.5%)、气候与环境(17.0%)、航空航天(8.1%)、应急避险(7.3%)、前沿科技(7.1%)、能源利用(6.3%)、自然地理(4.7%)和食品安全(1.2%)。2016年《中国网民科普需求搜索行为报告》显示,中国网民科普搜索的主题位居前三位的分别是健康与医疗(53.78%)、信息科技(14.53%)和应急避险(7.54%),其他主题分别是航空航天(7.07%)、气候与环境(6.50%)、前沿技术(4.66%)、能源利用(4.11%)和食品安全(1.81%)等。

由此可见,从2007年到2016年,公众对科普内容的需求范围显现出相对稳定而多元的特点,健康与医疗、气候与环境、信息科技一直在公众关注的前列。随着时间的推移,公众对不同科普主题的关注程度也产生一定程度的变化,现有的科普事业机构所开展的科普工作无法完全满足公众的不同需求,这推动了我国科普产业的发展。

2. 内容表达方式需求的数字化　　传统科普表达形式为科普文章、科普图书等,随着信息技术的发展,数字化、互动化在科普内容表达方式上不断体现。

根据2007年中国公民科学素质调查结果分析与研究,我国公众对获取科技发展信息的主要渠道选择最多的是电视(90.2%)和报纸(60.2%),其他渠道依次为广播(20.6%)、科学期刊(13.2%)、图书(11.9%)、互联网(10.7%)和一般杂志(9.7%)。此外,公民通过与人交谈的方法获取科技发展信息的比例为34.7%。

根据中国互联网信息中心对2011年中国科普市场现状及网民科普使用行为研究报告显示,目前通过网络获取科普内容的方式依次为阅读科普文章(81.6%),下载或收看科普视频(61.1%),在论坛、社交网站上交流、讨论科普知识(31.9%),玩带有科普内容的游戏(25.8%)。其中,阅读科普文章依然是最重要的网络科普方式。非网络科普用户线下科普活动参与形式包括收看科教类的电视节目(38.8%),阅读科普类报刊(21.3%),阅读科普书籍(16.5%),观看社区的科普宣传栏与展板(6.9%),参观科普场馆如科技馆、天文馆(5.9%),参加科普展览(3.6%),参加科普讲座(3.3%),参加科普夏令营、冬令营(1.8%)等。

中国科协对于社会热点焦点问题及其科普需求的调研报告显示,科普教育的形式多种多样,2011年影响最大的科普教育形式分别为科普影视(61.2%)、科普网络游戏

(52.8%)、科普书刊(51.4%)、科普讲座(50.0%)和学校科普教育(36.1%)。此外,科普教育形式还包括科普展览(31.2%)和听科学家的报告(28.7%)。公众认为通过网络(62.4%)、科普场馆(46.6%)、手机(44.3%)、科普报纸杂志(43.2%)和科普影视音像制品(40.9%)途径进行科普教育最好。

2015年中国公民科学素质抽样调查结果显示,我国公众获取科技发展信息主要渠道分别是电视(93.4%)、互联网(53.4%)和报纸(38.5%)。从对互联网及移动互联网渠道的利用来看,微信(74.1%)、百度、谷歌等搜索引擎(69.0%),以及腾讯网、新浪网、新华网等门户网站(68.8%)是网民获取科技发展信息最常用的渠道;果壳网、科学网、百度百科等专门网站(44.6%)及微博(43.5%)等也是网民获取科技发展信息的常用渠道。

腾讯公司和中国科普研究所发布的《2016年移动互联网网民科普获取及传播行为研究报告》显示,23~40岁者更偏爱科普图文,所占比例为60.4%;22岁及以下和41岁及以上者更偏爱科普视频,所占比例分别为36.1%和8.0%;公众更偏好通过视频平台获取的科普内容,主题多集中在自然地理、航天航空等,而通过图文资讯了解的信息,多集中在信息科技、健康与医疗等。

胡俊平等学者对我国城市社区科普的公众需求及满意度的研究发现,社区居民获得科普知识的途径为电视/广播(65.5%)、网络/手机(50.7%)、书报(49.6%)、社区宣传栏(34.1%)和朋友交流(26.7%)等。

伍雪梅等学者对重庆地区的公众科普需求进行了调查与对策研究,发现大学生群体最喜欢的科普活动形式是参观科技场馆、图片展览、观看科普表演;中小学生群体最喜欢的科普活动形式是参观科技场馆、观看科技比赛、科普表演;普通公众最喜欢的科普活动形式是参观科技场馆、观看科普表演、参加咨询讲座。

谢广岭等学者的《信息化时代中国科普传播的现状调查、问题与对策》显示,公众获取科普传播信息的主要来源包括普通传统媒体(报纸、广播、电视等)、专业科普图书、科普期刊、互联网(含移动互联网)、各种科普活动(科普画廊、科技培训)、科普场馆(科技馆、自然博物馆等)和其他渠道等。通过互联网获取信息的渠道主要包括专业科普传播类网站、一般门户网站,博客、微博、微信等社交媒体,移动终端应用小程序、官方网站和网上科技馆等渠道。

刘启强等学者对全媒体时代广东科普宣传的研究显示,微信及其公众号成为最受欢迎和主流的科普内容表达形式,得到公众的青睐;其次是电视新闻、报刊专栏、门户网站和书籍读本;再次是专业APP、科普剧、微博和展馆、展会。

值得注意的是,从2007年中国公民科学素质调查中公众以"电视和报纸"作为获取科技信息的主要渠道,到2015年中国公民科学素质调查中公众以"电视、互联网、报纸"作为获取科技信息的主要渠道,互联网由2007年所占比例10.7%,跃居前三,为53.4%。而从互联网渠道利用来看,微信、搜索引擎、门户网站成为公众在网上获取科技信息的主要渠道,而科普图文和视频是网民们更加偏爱的科技信息表达形式。

(三)科普供给的不充分推动科普产业的发展完善

根据科技部统计,东部地区科普投入和科普资源量远高于中部和西部地区,特大型和大型科技馆和科学技术类博物馆大多集中在东部发达地区。2011~2016年,从我国东部、中部、西部地区科普图书出版情况看,东部地区是科普图书主要生产区域,其图书种类和图书出版册数都远远超过中部地区和西部地区;从科普期刊出版种数和出版总册数看,2016年科普期刊出版业的主要力量集中在东部地区;从电台科普节目播出时间看,2016年播出时间最多的依旧是东部地区,其次是中部地区,然后是西部地区;从科普网站的数量看,2016年东部地区拥有全国一半的科普网站。

目前,我国基层科普的供给形式越来越多元化,如科普展览宣传、科普大篷车、科普文艺演出、流动科技馆、科普培训等,但仍有一部分公众对于科普内容没有很大兴趣,而且科普下乡宣传形式流于模式化。不同类型人群需要的科普形式不完全一样:针对青少年,应该注重青少年对自然和社会规律有强烈好奇心的特点,应该和学校教育相结合并有所区分,寓教于科普,进行科技知识的推广和普及;针对边远山区的群众和少数民族,由于地区发展和自然禀赋的原因,进行一般义务教育无法弥补其教育的弱势地位,在分配科普资源的时候,要实行弱势倾斜,优先扶持的原则;针对女性群体,应该组织各种女性沙龙,普及健康家庭观念,鼓励女性向技术行业深入发展等科普知识;针对残疾人,要组织科普进社区,使残疾人在社区内就能学习到自己感兴趣的科普知识;针对农民,则应举办各种种植业、养殖业等科技培训。以上不同类型人群对科普需求方式的不同,导致了标准化的科普供给无法满足所有人群的需要。

根据对北京地区科普工作的调研,发现科普基地区域分布不均衡、共建机制不健全,科普基地建设类型发展不平衡等问题。城区与远郊区县科普工作不均衡,差距较大;市级和区县级科普工作开展较好,社区和农村等基层科普工作相对较差;针对青少年和农民的科普工作较好,针对领导干部和城市劳动者的科普工作较弱;科普工程建设不平衡,基础设施工程建设相对较好,科普资源开发与共享工程和大众传媒科技传播能力建设工程相对较弱,科普资源共建共享长效机制尚未形成;大众传播体系建设尚不完善,科普原创作品和精品创作缺乏。

对云南省科普服务供给研究发现,科普供给主体和科普供给方式均呈单一性,以政府为核心,企业或社团大多数时候只是被动地参与供给,供需矛盾越来越突出;科普资源分散,科研、文化、卫生等都不同程度占有科普资源,但彼此之间缺乏共享意识,外在的共享动力也不足;科普创作型人才严重缺乏,导致科普活动几乎都是在"吃老本",科普活动缺乏创新,缺乏思想,导致科普活动越办越冷清。

对武汉市洪山区城市社区科普服务供给研究发现,社区科普更加偏向于有充足时间的退休人员和放寒暑假的学生,而针对孤寡老人、残疾人等弱势群体的科普服务比较少,对于社区的农民工群体也只是简单地提供安全知识宣传。

对泉州市科普公共服务质量研究发现,在现有资本投入状态下,不同规模的科普场馆服务质量有着明显的差距,主要表现在科普设备与设施陈旧,更新缓慢,科普场馆设施缺乏日常维护,网络设备与安全设施不齐全。科普公众满意度不高,原因在于大多数科普服务仍然主要从政府角度出发,内容和形式较为单一,对公众的科普需求缺乏系统的了解,无法满足不同层次、不同人群对科普的不同需求。

根据广西科技馆对于广西地区科普供给情况的调查显示,截至2015年,该地区只有4座科技馆建成开放,相对于全国500多座科技馆总量,广西各市科技馆的建设步伐仍然落后,无法满足该地区 5 400 多万人口的科普需求。

对唐山原科技馆公共服务供给的调研发现,展馆面积不足,重大科技领域的内容难以展示,对未来发展具有重要影响、与生活密切相关、公众普遍关心的科技领域也未能做系统安排,造成科普教育功能不全,不能充分满足公众需要。科普服务供给机制采用的是"自上而下"的供给机制,公共类别和服务数量基本由政府和事业单位决定,未形成以公众需求为根本的服务理念,在科普服务的提供中大多采用模仿、重复的方式,也没有建立与公众的联系机制。

因此,科普供给的不充分推动了科普产业的发展,科普产业成为科普事业发展的有效补充,弥补了科普事业供给机制不均衡的问题,有效满足了公众的科普需求。

(四)科普事业的国际化加速科普产业的模式创新

2017 年 11 月,为积极响应国家"一带一路"倡议,根据国家鼓励社会组织积极参与民间外交的工作要求,围绕中国科协学会改革和科普工作的总体目标,中国自然科学博物馆协会举办首届"一带一路"科普场馆发展国际研讨会,共有来自联合国教科文组织在内的 9 个政府机构和组织的负责人或代表、"一带一路"沿线 22 个国家科技类博物馆的馆长等国外代表,以及我国部分科普场馆的负责人和从事科普展教品研制生产的企业代表,共 200 余人参会,围绕"协同共享、场馆互惠、共建科学传播丝绸之路"的主题进行了深入交流。会议正式发布了《北京宣言》,中国科技馆、上海科技馆、中国地质博物馆、北京自然博物馆和北京天文馆等场馆与柬埔寨、缅甸、泰国、埃及、肯尼亚、马来西亚、乌兹别克斯坦、塞尔维亚、希腊、加拿大、澳大利亚等国家科技类博物馆签署了 16 个"科普资源互惠共享"双边合作协议和合作意向书。

2018 年 6 月 24 日,中国自然科学博物馆协会理事长程东红和联合国教科文组织自然科学助理总干事史凤雅(Flavia Schlegel)共同签署了双边合作协议书。该协议书旨在通过开展国家和国际层面有针对性的专项活动和合作项目,促进"一带一路"沿线国家科技类博物馆的建设和发展,推动科技类博物馆的合作与交流,实现科普资源和展览教育资源的互惠共享。2018 年 7 月,上海科技馆原创 4D 影片《熊猫滚滚——寻找新家园》在泰国科学技术节成功上映,是我国科普场馆落实国家"一带一路"倡议,实施以科普电影展现中国科普智慧,实现沿线国家科普场馆互通互联、繁荣发展举措的体现。这不仅加强了我国科普场馆和泰国国家科学馆之间的合作交流,也让更多的泰国观众了解和喜欢中国的大熊猫,有机会了解更多的中国文化。

经过上海国际科技博览会、上海国际科学与艺术展、上海国际科技电影展映节、上海国际自然保护周等活动的连续举办,上海已经形成"展览展示培育科普产业、科普产业反哺科普事业、科普事业助推科技成果转化"的工作新模式。上海市虹口区探索创建了全国首个科普产业孵化基地,探索通过政策扶持、资金支持等手段,市区联动,共同培育孵化一批科普产业龙头企业,努力将上海及周边乃至全国的科普资源集聚起来,形成科普产业集群,向社会提供专业的、高质量的科普产品和服务。

科普事业的国际化,催生了一批从事科普活动的企业,有从事代理销售的企业,如代理销售英国广播公司(BBC)影片的企业,代理销售 Discovery 传播公司产品的企业;有从事合作开发的研究单位,如敦煌研究院、云冈石窟研究院同美国盖蒂保护研究所合作,开展了窟区环境监测与洞窟环境监测等科技保护；还有同美国梅隆基金会、意大利、德国合作的企业等。北京科学教育电影制片厂制作的《发现之旅》借鉴了 Discovery 等节目的做法，受到了观众的喜爱和业界专家的好评。

二、科普场馆是科普产业的重要主体

科普场馆要充分利用其政策优势，不断挖掘其公共特性，为科技成果的传播并转化为生产力助力。

（一）政策优势

2006 年，国务院发布了《关于印发〈全民科学素质行动计划纲要（2006—2010—2020年）〉的通知》（国发〔2006〕7 号），纲要"鼓励社会力量参与科普基础设施建设。落实有关优惠政策，鼓励社会各界对公益性科普设施建设提供捐赠、资助；吸引境内外资本投资兴建和参与经营科普场馆；鼓励有条件的企业事业单位根据自身特点建立专业科普场馆；落实有关鼓励科普事业发展的税收优惠政策，鼓励社会力量参与科普基础设施建设。"

2008 年，国家发改委、科技部、财政部、中国科协联合发布了《关于印发〈科普基础设施发展规划（2008—2010—2015）〉的通知》（发改高技〔2008〕3086 号），规划指出："大力发展科普基础设施，满足公众提高科学素质的需求，实现科学技术教育、传播与普及等公共服务的公平普惠"。该规划指出："大力开发新的科普展教品，加强主题展览和科普活动的策划，充分挖掘和利用全社会的展教资源，建立公益性和经营性相结合的开发体系，推动展教资源的产业发展，提高展品设计与制作水平……要制定和完善有关优惠政策，引入市场机制，加强与文化创意产业的结合，推动设计制作社会化。鼓励科研机构、大学、企事业单位、社会团体等加强合作，参与科普产品研发中心的建设和展教资源的开发活动……开展科普展教资源研发理论研究，完善展教资源技术规范和设计制作机构资质认定办法等，培育科普展览策划、研制、使用、推广的一体化产业。"

2016 年，国务院办公厅发布《关于印发〈全民科学素质行动计划纲要实施方案（2016—2020 年）〉的通知》（国办发〔2016〕10 号），方案指出要"发挥自然博物馆和专业行业类科技馆等场馆以及中国数字科技馆的科普资源集散与服务平台作用……加强科技场馆及基地等与少年宫、文化馆、博物馆、图书馆等公共文化基础设施的联动，拓展科普活动阵地。充分利用线上科普信息，强化现有设施的科普教育功能"。同年，国务院《关于印发〈"十三五"国家科技创新规划〉的通知》（国发〔2016〕43 号）中指出"要进一步建立完善以实体科技馆为基础，科普大篷车、流动科技馆、学校科技馆、数字科技馆为延伸，辐射基层科普设施的中国特色现代科技馆体系"。

2017 年，科技部、中央宣传部《关于印发〈"十三五"国家科普与创新文化建设规划〉的通知》（国科发政〔2017〕136 号）指出，"科普场馆、科普机构等加强与旅游部门的合作，提升旅游服务业的科技含量，开发新型科普旅游服务，推荐精品科普旅游线路，推进科普旅游市场的发展……推动科普场馆、科普机构等面向创新创业者开展科普服务。"

综上所述，科普场馆是发展科普产业的重要主体，科普场馆发展科普产业有政策优势。

（二）公共特性

科技馆是公众的科学殿堂，它没有门槛，欢迎一切来访者。不同年龄、不同生活经历、不同文化知识背景的参观者，在这里都能见到新事物，获得新知识，产生感悟，享受探究的快乐。

科技馆是人类理解物质世界的一种新方式。它严格遵从逻辑与实证的原则来诠释事物，同时使用大众的、生活的、人文的语言。不同领域学术理念，包括自然科学、工程技术、社会、政治、历史、经济、法律、哲学、心理学、教育学、伦理学、文学，以及各种形态的艺术，汇聚在科技馆中，有助于揭示科学对人类活动的深远影响，揭示不同领域间的关联。

科技馆可以利用自己的公共特性，开展各种形式的活动，促进科普产业的发展。

1. 研讨式　　科技馆可以组织有关人员，如理事、委员、会员、普通观众及相关单位和部门负责人召开研讨会，通过邀请行业专家做科普报告、开设论坛，吸引更多的人参与和讨论科技发展、科普事业的前沿问题，并通过科技馆刊物和媒体将研讨会、报告会的成果予以发布。这种方式不仅对与会者有很大的感染力，对于普通市民，也可以形成较大的影响力。这种方式要求研讨会、报告会要有一定的权威性、前沿性，同时要切实产生一定的成效。

2. 发布式　　科技馆最大的社会功能就是传播科学技术研究成果。但目前科技馆展览、教育活动的现状是与最尖端、最新的科研成果无缘。建议科技馆可以定期或不定期地举办科技成果发布会，邀请网站、电视、报刊等大众媒体参与，向更大范围的公众集中发布科技成果，对社会公众形成更大的影响力，为科技成果的传播并转化为生产力助力。

3. 推介式　　科技馆可以利用专业知识和专家资源，建立产品和服务推介平台，并加强对于行业上下游资源的整合，与协办单位（如产权交易所、科技产品转化中心）开展最新科技产品的推介会，并配以相关的技术服务，这对于新的科技产品来说是一个很好的展示机会，同时可以发挥科技馆的展示教育效应，提升科技馆致力于服务社会的良好形象。

4. 评价式　　利用科技馆的行业资源和影响力，对科技企业及其产品和服务进行公众评价。由于科技企业及其产品和服务也存在良莠共存现象，而其资讯传播窗口又过于广泛，导致公众难以判断和选择。科技馆可以通过专业、科学、客观、公平、公开的全面评价，为公众提供真实可靠的消费指南，同时将公众对有关企业及其产品和服务的真实评价反映出来，可以对科技企业的良性发展起到良好的催化作用，因而具备极高的社会学价值。

5. 培训式　　可以充分利用行业资源和专家资源，主办或与一些科技企业、行业协会、教育培训机构共同开展相关培训，包括教师培训，最新产品、服务原理和技术培训，行业最新标准贯标培训，质量认证培训，从业资格、职称培训，入职和管理者培训。这些培训不仅可以为行业内人士提供专业提升机会，也能为公众提供专业的科普教育渠道。

6. 增值式　　科技馆向公众提供的增值服务可以包括约请专家提供免费科普咨询、为学校提供学科拓展教育资源、为公众提供如何利用科技馆资源的服务。在科技馆中增加人文知识，让观众参与学术交流、享受咨询服务，增加科普教育的文化内涵，包括拍摄科普影视产品、编排科普剧、增加馆外科普实验表演、出版科普书籍、开发展品的衍生产品等。

第二节 国内外的研究现状

一、国内研究现状

国内对科普产业的研究起步较晚,还处于探讨阶段,主要有以下几个方面。

(一) 科普产业的内涵及其特征研究

劳汉生从产业功能的角度对科普产业进行了较为宽泛的界定,将科普产业分为公益性、准公益性和商业性三个领域,并系统阐明了科普文化产业化发展中的十大关系,提出了科普文化产业微观和宏观两种不同发展模式,及十八条发展科普文化产业的对策建议,但未揭露科普产业的本质。任福君等分析了建立健全科普产业发展政策体系的迫切性,对我国现有的促进科普产业发展的政策做了较为全面系统的梳理,对产业内涵进行了较为全面的界定,分析研究了科普产业的特征,指出了现有政策体系存在的问题,并从法制完善、政策制定、政策措施执行等方面提出了相应的对策建议。

李黎等从与科普事业相对的角度出发,从产业的内容和机制等方面定义了科普产业,进一步分析了科普产业的功能,并对其相应表现出的两方面特征进行了深入研究。总体而言,科普产业具有社会功能、经济功能和政治功能,而其表现出的特征包括社会性特征(公平普惠性、战略支撑性、意识形态性、文化创新性、知识趣味性、现代服务性)和产业性特征(牵引辐射性、交叉渗透性、高附加值性、环境友好性、系统循环性、媒介参与性)。前者体现出科普产业的社会效益(包括政治效益),它反映出科普产业的公益和战略属性;后者则更多体现出科普产业的经济效益,它反映出科普公益性以外经营性的一面。

(二) 科普产业的业态及其发展研究

张振克等按照网站规模和内容对科普网站进行了分类,目前中国科普网站主要有大型综合型、一般综合型、地方型、专题型、相关科普型和基于大型综合网站的科普频道型。分析了科普网站的分布特点,就网站所在地而言,综合型网站主要分布在北京,地方型的科普网站数量以浙江和江苏最多,专业科普网站主要分布在北京和上海两地,相关科普网站和科普频道型网站主要分布在北京。总体上看,中国科普网站的分布具有以一个中心(北京)和一个沿海带为主,并向内陆衰减的趋势,这指出了我国科普网站存在的问题及发展的建议。中国科普网站涉及科学领域广泛,在国民科学教育中占十分重要的地位,科普网站已成为公众获取科学知识的主要途径之一。我国科普网站还存在网站内容简单、表达形式欠佳、互动性差等问题,未来中国科普网站的建设迫切需要进行合理规划加强科学精神、科学方法和科学思想的传播。

齐繁荣以大量市场调研所获得的资料和网上公布数据为依据,对中国科普图书、科普玩具和科普旅游目前的市场容量进行分析,构建中国科普图书、科普玩具和科普旅游的容量预测模型,进而推算出 2020 年中国科普图书、科普玩具和科普旅游的市场容量,最后提出了发展科普产业的对策和建议,为科普产业发展决策提供依据。

肖云等分析了移动通信产业链的结构特点和手机媒体传播的特点,报告了手机科普产业的发展现状,对青少年、农民工、白领三个不同的手机用户群体进行了需求分析,指出当前的移动通信渠道垄断是阻碍手机科普产业发展的重要问题,"需求牵引、市场导向、技术推动"是目前手机科普产业发展的运作规律,手机终端技术及应用的发展、三网融合的趋势、民营资本进入移动通信领域等因素或将为手机科普产业发展带来新的机遇。

杨铭铎等以科普与旅游相结合的科普产业发展为主要研究对象,在分析其必要性和可行性的基础上,对旅游科普的特征和意义进行探讨,并通过对现阶段科普与旅游结合发展的现状进行分析,从政府、企业和非政府组织三个层面提出了推动科普产业发展的对策,认为科普旅游是对旅游资源所蕴含的科普功能的开发和利用,是向公众普及科学知识的新途径和新方式。

潘津等通过对美国互联网科普案例的分析研究,提出了基于互联网的科普不仅是技术工具的革新,而且从根本上改变了人类的科技传播理念和方式,使科学普及从传统的居高临下的单向传播,逐步变为公众与科学家的双向交流互动。公众不是被动地接收信息,而是主动地发现信息、选择信息、使用信息甚至去发布信息。互联网作为信息时代科普的重要平台,使得科技传播成为公众的共同事业,而不仅仅是少数人的职业。公众既是科技信息的接受者,又是科技信息的传播者。基于互联网的科普,能够给我国的科普事业带来"介入科技传播的人越来越多、介入欲望越来越强烈、介入能力越来越强大"的良性循环局面。他们还针对我国目前科普工作存在的问题特别是网络科普的现状,提出了开设"大规模开放式线上课程(Massive Open Online Course,MOOC)"、开设"虚拟实验室"、引进和开发科学游戏等具体实施方案,特别对科学游戏在青少年科普方面的作用做了较为详尽的论述。

潘文、陈飞介绍了国外从事科技博物馆策划设计的专业公司,国外科技博物馆的展览策划与展品开发,以及国内科技馆展示设计与施工及展品研制公司的现状与发展,通过寻找他们之间的差距,阐述并研讨国外科普产业可借鉴之处,最后得出科技馆的建设离不开科普产业,为建设我国的科技馆体系,国内科普产业公司应密切关注国外科普产业的发展动向,积极借鉴国外科普场馆展示设计与展品设计的先进理念与丰富经验;经常思考跟踪科技前沿动态与捕捉社会热点,把展览的教育性作为考虑的重点,展览与学校课程及科学知识拓展延伸相结合,充分发挥科技博物馆的社会作用。

包明明以科普产业业态之一的科普出版业为高新技术成果的应用对象,探索高新技术成果促进科普产业发展的实践模式。重点对智能语音技术、智能体感交互技术、增强现实技术以及云计算技术等数字化技术如何应用于科普出版及其优势进行分析。

杜普龙等指出了科普图书存在的问题,当前由于我国科普图书整体质量不高,保障体制不健全及公众关注点转移等因素,导致了科普图书行业整体发展处于萎缩的被动局面。其从完善科普图书保障体系、推动科普图书营销手段创新和市场化运作科普图书产业三方面进行了论述,希冀掀起我国科普图书出版的热潮,推动科普事业的发展,并提出科普图书行业要想稳健地发展,不仅需要政府完善科普图书保障体系,还要出版社创新科普图书营销手段,扩大衍生品的开发与销售,从而推动科普图书行业高潮的到来。

(三)科普产业发展对策与建议研究

金彦龙通过对科普产业发展现状的分析,剖析了影响科普产业市场化运作的因素,并对国内外科普市场化运作模式进行了总结,探讨如何通过市场化运作,提高政府科普资源投入的产出效益和吸引更多社会资源进入科普事业;研究如何构建科普产业的运作机制。通过对科普产业发展现状及其影响因素的分析,认为应当构建以市场为导向,全社会参与的,市场、政府和社会责任相结合的科普产业主体,并有相应约束机制的科普产业运行机制。

陈江红认为科普产业发展面临最大的问题就是资金不足,科普事业的发展不能单单依靠政府,为解决科普产业发展的融资问题,引入了在国外广泛应用的 PPP 模式(公共部门与私人企业合作模式),并分析了 PPP 融资模式在科普产业发展中运用的可行性,包括政府科普经费、居民文化消费、私人企业投资等相关信息统计与分析,以及在科普产业中应用 PPP 融资模式产生的问题。

杜伟、谭轶等基于北京市通州区现有数字科普资源等,提出了一种基于数字化的科普产业发展模式,并初步构建了发展框架及主要内容。通过对该模式的特性分析,得出该模式的实施不仅能有机整合通州区数字科普设施与科普资源,开创科普新局面,还能对数字科普资源进行科学管理,有效提升数字科普能力,使广大群众能够共享优质的全媒体科技文化资源,从而营造科普产业化氛围,有效促进科普产业的快速发展。

周荣庭、潘琳以产业集聚和产业生态圈理论为基础,结合安徽省芜湖市的内外部环境资源现状,以芜湖科普产业园为例,依据产业集聚、产业生态圈等理论,分析了科普产业园发展存在的问题及对策。科普产业园是科普资源的研发、生产、展示、交易、集散和服务的一个重要平台,并在科普产业的发展过程中发挥重要作用。

章军杰认为应改变科普工作理念,在 21 世纪,体验经济作为一种全新的经济业态已然成为时代发展的必然。当前,在公众参与科普活动热情不高的情况下,体验经济的参与性与接触性,或许可以成为科普工作化"被动接受"为"主动参与"的破题关键。在体验经济理念之下,科普产业的发展必须切实转变"灌输式""说教式"的工作理念,牢固树立体验经济理念,加快发展数字化科普产业,加强科普衍生产品开发,研发设计不同体验风格的科普产品和科普活动。

李冲、刘洋分析了社会力量开展科普工作的主要问题,长期以来我国科普事业都是政府主导,除了科协外,社会力量参与有限,积极性也普遍不高,导致了科普工作无法在全社会持续性地有效开展。其指出我国科普产业目前面临的主要问题,抓住利益杠杆核心要素,以发展科普产业为切入点,提出了若干动员社会力量开展科普的对策建议。

李黎、孙文彬、汤书昆利用三螺旋创新理论,认为政府、企业和大学应在科普产业的发展中发挥其主体作用,政府作为科普产业制度创新主体、企业作为科普服务创新主体、大学作为科普产品创新主体,构建三大主体协同创新的运行机制,并针对科普产业协同创新提出了几条对策建议,为促进科普产业的创新发展提供了理论依据。

杨勇从借助于区位商指数测算了科普产业的综合集聚度。研究发现,我国科普产业及其组成部分分布都极不均衡,投入产出效率非常低,建议我国应加强科普与旅游的结合,创新科普产业化的新模式。

(四)科普产业与文化产业关系研究

曾国屏、古荒从科普与文化、文化产业的关联出发,通过对国家统计局《关于印发〈文化及其相关产业分类〉的通知》(国统字〔2004〕24 号)的内容分析得到了科普文化产业成立的合法根据,然后以科学含量和文化含量为划分依据,尝试建立科普文化产业的四象限动态谱系以明晰科普文化产业研究的问题域,厘清了科普产业与文化产业的关系。

章军杰以科普政策变迁为主线,对科普产业的合法化进程进行全面梳理,指出在学术界和政府层的共同选择下,"经营性科普产业"已成为一个通用而稳定的概念性术语,政府主导的公益性科普事业和市场主导的经营性科普产业并举发展已成为共识。继而,通过全面分析和系统对比科普产业与文化产业的内涵与外延,准确把握两者之间质的规定性和量的规定性,指出科普产业是文化产业的组成部分,从根本上解决科普产业适用文化产业政策的合法性基础。

(五)科普产业统计与指标体系研究

科普产业发展评价研究的前提是要获取相关的数据,但是在目前的《国民经济行业分类》中,科普产业还未作为单独的一个门类进行统计,而是包含在文化及相关产业中进行统计的。目前,国内与科普产业统计相关的研究主要为以下几项。

杨绪忠等指出为了迅速健康地发展文化产业,我们必须认识其作为新兴的产业有不同于一般物质生产产业的以下基本特征:其文化产品具有精神属性和意识形态的统一性,政治导向性和娱乐性,与市场的紧密相连性等,并在认识文化产业的基本特征的基础上,规范文化产业的统计范围,建立一套科学评价和监控文化产业运行的统计指标体系。

陈恩指出面对世界经济的深刻变革,文化产业的勃兴已引起全世界高度关注。大力发展文化产业对我国的极端重要性,要求我们必须尽快建立健全文化产业统计制度。其围绕建立健全我国文化产业统计制度这一主题,提出了我国文化产业统计的目标、要求及建立文化产业统计指标体系应遵循的基本原则,具体构筑了我国文化产业统计指标体系,重点构建了测度文化产业科学发展状况统计指标子体系(一系列指数),特别是借鉴引进国际做法设置了"人文发展指数",并指出了完善我国文化产业统计应把握的几个辩证关系。

张雪指出在文化产业迅速崛起的背景下,优化文化产业统计系统的重要性也越发体现出来。当前我国文化产业统计系统存在的问题主要表现在统计范围不统一、统计指标设定难以满足经济社会发展需求、统计系统行政障碍制约作用明显,以及统计调查方法不科学等四个方面,而对创意劳动及其生产劳动属性界定不清晰、历史思维惯性影响、缺乏成熟的他国经验则是这些问题产生的主要原因。相应的优化路径则在于运用马克思生产劳动理论明晰产业统计范围、完善统计指标设置、合理确定统计调查方法,以及健全统计行政服务系统。

任伟宏、刘广斌、任福君在吸收和借鉴已有科普产业研究成果的基础上,分析了建立我国科普产业统计指标体系的必要性,结合《国家标准-国民经济行业分类》(GB/T-4754—2011)界定了我国科普产业的统计范围及统计对象,提出了我国科普产业统计指标的设计原则,初步构建了我国科普产业的统计指标体系,并提出了改进我国科普产业统计工作的一些建议,为建立我国完善的科普产业统计指标体系打下了基础。

二、国外研究现状

国外没有独立的科普产业这一概念,与之高度相关的主要是科普的两个相关产业——文化产业和创意产业。由于科普产业和文化创意产业的成果表现形式一致,如科普影视被视为文化产业分类中的影视类,科普场馆被视为文化产业分类中的博物馆类,国外未把科普产业单独进行研究,而是把它归类为文化产业的一部分。国外对文化产业的理论研究十分深入,涉及的领域和范畴也较为广阔,形成了广博的研究成果。通过对相关文献的梳理,目前国外文化产业研究范畴主要分为以下几类。

(一)注重文化产业基本理论研究,研究成果趋于系统化

关于文化产业的系统研究,英国出版了《文化产业:基于国际视野的英国经验》一书,该书是文化产业理论研究的一个结集;另一个系统的文化产业研究成果是大卫·赫斯蒙德夫的《文化产业》,其对文化产业进行了较为全面、系统的研究,包括产业的内涵、评价、政策、问题等,为文化产业的研究提供了一个系统的分析框架。

Scott 认为,文化产业是指娱乐、教育和信息等目的的服务产出,和基于消费者特殊嗜好、自我肯定和社会展示等目的的人造产品的集合。

Throsby 研究了文化产业的同心圆模式,即文化产业的文化内容输出就像是一个由核心向外的递减运动,通过使用生产部门中创造性劳动力的比例作为文化内容的代理,结果证实了模型的有效性。Bilgen Aydin SEVIM 指出鉴于文化产业所包含的内容,应改变机械化、刻板的思维方式,创新的理念是至关重要的。

Moore 从历史发展的视角对文化产业的定义进行了研究,认为文化产业把创造、生产和创意内容商业化结合起来,并且认识文化产业应当基于数字化的语境,而不仅仅是基于文化或创意文化。

Michael Calvin Mcgee 认为大量的(对文化产业发展的)研究、交流,应更加关注文化产业产品消费者的"群体意识",而不是文化产品本身。"激进的反思"的运用被认为可以当作解决描述特定群体意识的办法,同时,作者以信奉正统派基督教人群的意识为例,进行详细分析,近来文化产品的生产迎合了他们当地"象征性环境"的需要。

(二)创意产业研究成为热点,成果颇丰

比较系统地研究创意产业的是 Caves,他在《创意产业经济学——艺术的商业之道》一书中研究了包括视觉艺术、表演艺术、电影、声像制品和图书出版业在内的艺术创作产业的组织形式。Blythe 研究了创意产业的新分类问题,扩大了以往的艺术和文化产业的分类。

约翰·霍金斯在《创意经济:如何点石头成金》中研究了文化产品的研发、生产和销售,从微观角度提出了通过提高企业文化运作管理水平促进企业发展,从而实现文化产业的发展。

Ooi 和 Birgit 认为创意产业是一个国家创新系统的核心,他们回顾和总结了一些学者关于创意产业的观点,以及一些著名城市创意产业的发展,认为政府和政策在促进创意产业发展方面的作用是至关重要的,限制产业发展的政策是徒劳无用的。

Comunian 对于投资、文化新生和创意产业发展之间的联系进行了探讨。通过研究证明文化新生和对于一流建筑的投资与促进当地经济的发展之间关系实质上非常微弱,包括促进旅游业和创意产业的发展也是如此。

Sung 回顾了信息技术在创意产业和制造业企业中的应用给企业战略和企业绩效带来的差异,实证研究结果表明,信息技术的应用对创意产业和制造业企业的绩效提高都是

至关重要的。

国外对于创意产业指数的研究成果较为丰富,报告型研究如联合国社会发展研究所和教科文组织的《针对文化和发展的全球性报告:建立文化数据和指数》等。

(三)文化政策研究继续推进,研究力度不断深化

文化产业政策是文化产业发展的制度保障,文化产业规范、有序的发展需要文化产业政策的引导、管理、扶持和调控。而文化产业政策一直以来也是各国学者研究文化产业理论的重要内容。

一些学者试图对文化产业政策的历史脉络进行梳理。Bassett 和 Bianchin 分别对英国和欧洲文化政策的历史发展进行了考察。Pierre Michel Menger 对欧洲文化政策做了全面梳理。

一些学者对文化产业政策进行了分类。Frith 将文化产业政策分为产业型、旅游型、装饰型和"文化民主"型。Erik Braun 依据其他行业、其他环境及与创意产业尤其相关的政策领域,把文化产业政策分为创新政策、创业政策、融资政策、国际市场开发政策、创意集群政策、知识产权政策和其他相关政策七大类政策。

还有学者试图对不同国家和地区的文化政策进行系统研究。Kong 分析了 20 世纪 90 年代的英国文化产业政策,强调政治和意识形态对一个国家文化政策的构建非常重要。Cathy Brickwood 以欧盟为例对文化政策进行了详细探讨,他认为就业是文化产业政策的核心。Helen Watkins 和 David Herbert 对斯旺西文化政策的整个制定过程从头到尾进行了详细的关注。Adam Brown 和 Justin O'Connor 等以两个英国北部城市为例,探讨了不同的文化政策对文化产业园区的影响和作用。Michael Keane 和 Andrew White、Sujing Xu 分别对中国文化产业政策做了分析和点评,前者提出中国文化创意产业政策应致力于提升文化创意产业的创新能力,后者认为中国文化产业的发展在受利于文化政策的同时,也在一定程度上受制于文化政策。

文化产业的政策体制及宏观战略研究也是研究的重点。Pratt 认为,随着相关经济和社会效益的增长,政策制定者越来越关注文化及创意产业,并通过对欧洲文化创意产业及其政策的案例分析,探讨了与政策转移相关的问题与挑战。Pratt 根据英国的创意城市发展经验研究了相关政策思路和产业治理,指出在政策制定中应关注文化创意产业的内在核心价值。Jin 研究了美国在全球电影市场中的文化政策,阐明美国政府如何在全球文化市场中强化其国家权力,通过自由贸易协定阻碍他国的文化多样性及自主权并影响其电影和文化产业。

(四)国家或区域性的文化产业研究不断涌现,研究力量呈现多元化

一个国家或地区文化产业的发展水平,在很大程度上受到一个国家或地区所制定或采取的文化产业发展政策影响。西方学者始终把政府和私人文化资助体制研究作为文化产业及政策研究的重要方面,文化产业政策研究逐步深入。

Brickwood 在《信息社会中的文化政策与就业》中对欧洲文化产业进行了研究,指出应把发展文化产业纳入欧洲的经济框架中,刺激和强化对文化产业的研究和开发,把文化产业作为社会发展的驱动力,改善欧洲现有的经济结构,积极建立资助和扶持文化产业发展的措施,提高文化产业国际竞争力,造就新的经济增长点。

Breen 考察了美国-澳大利亚自由贸易协定对澳大利亚的影视及音乐等文化产业造成的负面影响,在美国媒体强势主导的环境下导致澳大利亚失去发展和加强本国文化产业发展的能力,带来本土艺术家和制作人的就业机会减少等后果。汤姆·奥里甘对澳大利亚农村文化产业发展进行研究,提出农村地区要利用文化旅游和文化遗产等方面的天然优势大力发展文化产业。

Ho 以新加坡为案例研究了其创意产业的政策及实践,指出推进创意产业发展的政策是新加坡的核心竞争战略,重点在于建设基础设施、加强相关教育培训、提供鼓励政策等,并提出营造适于产业特性的多元化有活力氛围的重要性。

Min-Chih Yang 和 Woan-Chiau Hsing 指出得益于地方机构的活力和对文化旅游行业的重视,当前文化产业已成为很多地方政府发展区域经济的有力推手,相应地,应建立与高水平地方经济效率相对应的"地方动员"策略,以及高质量的、分工明确的管理机构体系。他们在此基础上,通过对 Kinmen 的调查研究说明上述理论,即地方体制已发生改变,以适应文化产业发展。

(五)文化产业的市场运作及管理策略研究使文化产业理论与实际联系得更加紧密

国外开展了丰富的基于行业细分市场的相关研究,通过现代科技与文化产业的结合,对传统文化产业进行市场化运作,使得文化产业理论研究与产业实践连接紧密,互相推动。

Markusen 和 Gadwa 对艺术与文化在城市或地区规划发展中所发挥的作用进行了回顾总结,指出相关研究应考察不同策略的影响、风险和机会点及相应的投资回报模式。

Roberts 分析了电视产业在产品发展过程中的决策情况,重点考察了文化产业中大众传媒娱乐公司在商业与创意二者间的感知差异及冲突程度。Bielby 考察了国际电视市场上对文化价值的判断,研究表明合理具体的产品评价标准代表盈利能力,而审美标准则反映娱乐维度。

Lozano 考察了墨西哥观众对本土和外来影视产品的消费模式,并阐明在文化、地理、商业、历史因素上的相近性带来的影响。Tschang 考察了文化创意产业中文化、经济与政策三者之间的关系及其在亚洲的表现,并探讨了中国网络游戏产业及菲律宾动漫产业的案例。

Su 分析了在软实力语境下,中国电影产业作为市场导向的文化产业采取的新策略及新趋势。Wang 和 Yeh 以电影《花木兰》和《卧虎藏龙》为例,研究了文化产业的全球化与混合化发展趋势。

Catungal 等指出文化创意产业与经济发展中的就业、旅游等方面关联越来越紧密,通过对加拿大多伦多一个文化产业园区进行案例研究,探讨了地方打造策略并对地理位置迁移现象进行了分析。

(六)文化产业集群的研究是文化产业发展到一定阶段的研究趋势

文化产业具有空间集聚的发展趋向,文化产业集群是文化产业发展到一定阶段的必然趋势。从全球范围看,文化产业集群化发展已成为一种流行模式,日益兴盛的文化产业集群也引起了研究者的关注。国外对文化产业集群的研究较早,视角多元。

Chuluunbaatar E O 和 Luh D B 等人认为集群概念对于文化和创意产业十分重要。集群概念基于经济地理学，被广泛用来解释文化和创意产业的驱动力，但是忽视了产业中涉及的创意才能。他们从社会资本的角度出发，运用集群理论把社会性方面的内容进行整合，试图解决促进文化和创意产业发展的动力。

Scott 作为研究文化产业集群比较早的学者，分别从生产和销售两个角度剖析了文化产业集群产生的原因和过程。Richard Florida 和 Platter 通过比较并区分产业集群和文化产业集群之间的异同，归纳出文化产业集群的基本特征和其生存和发展所需要的要素条件。德国学者 Clans Steinle 和 Holger Schiele 也分析了文化产业集群的生成和发展的条件。

Chris Gibson、Graham Drake 和 Glaeser 分别从不同角度分析了集群现象产生的地域特征，即偏向大城市。Keith Basset 等详细阐述了布里斯托尔文化产业发展现状和类型，并对文化产业集群生成和发展的过程进行了论述。Herald Bethelt 对德国莱比锡(Leipzig)文化产业集群的再度崛起进行了深刻的研究，提出要注重文化产业与外界的紧密关系。Mommaas 通过分析荷兰五个文化园区，总结出发展文化产业集群的六大策略，并在随后 2009 年的研究中通过研究欧洲西北部文化创意产业集群发展，分析在不同文化、经济与空间条件下产业集群的发展形态及轨迹。

此外，少数学者对文化产业集群进行了评价。Caves 认为集群具有高回报效应，是提高创新速率的催化剂，能够节约经销商和顾客的成本、增强文化凝聚力。

但是，也有学者认为集群化发展并不具有绝对优势，也不是分析文化产业的有力工具，因为集群概念会将文化产业集群归结到一般集群理论中，即只强调经济变量而忽视非经济变量，也会加剧经济发展的不均衡，容易产生大城市尤为突出的形式，因此，不能简单将集群当作推动文化产业快速发展的根本原因，还需考虑其他因素，比如社会资本。

总体来看，国外对于文化产业的研究成果相当丰富，涉及了文化产业的各个方面，对文化产业的发展起到了重要的推动作用。

第二章 科普场馆产业发展能力概述

第一节 科普场馆与科普场馆产业概念及特点

一、科普场馆

(一) 科普场馆的概念及内涵

科普场馆是开展科普工作、促进科技传播的重要场所和渠道,也是培育和发展科普产业的重要主体。

科普场馆有时也被称为科技博物馆、科技场馆。目前,关于"科普场馆"的准确概念,学术界还没有完全统一,不同学科、不同行业对科普场馆概念的理解存在较大差异。传播学界通常将"科普场馆"定义为:以社会公众为服务对象,以科学教育为主要职能,致力于传播科学文化和提高全民科学素质的场所。2007年中国科协编制的《科学技术馆建设标准》得以颁布实施,其对"科学技术馆"的定义是"以提高公众科学文化素质为目的,面向公众开展科普展览、科技培训等科普教育活动的社会科普宣传教育机构,是实施科教兴国战略的基础设施,是我国科技和科普事业的重要组成部分"。

综合已有的一些概念和认识,本书对"科普场馆"做出如下定义:科普场馆是进行科技教育、科学普及的主要场地,是传播创新文化、发展科普文化产业的重要依托;科普场馆具备极为丰富和珍贵的教育、科普资源,在提升公民科学素质、促进文化育人方面具有重要作用。科普场馆作为非正规的科学教育机构,在科学传播和科学教育事业中发挥着越来越重要的作用。以前科普场馆只是学校等正规教育机构的校外教育补充,现在科普场馆已基本上处于和学校平行的地位,成为科学教育的一个重要阵地。

(二) 科普场馆的类型

科普场馆的类型多种多样,按照不同的标准可以将它们划分为不同的类型。例如,在中国科普统计工作中,一般认为科普场馆包括科技馆(以科技馆、科学中心等命名的以展示教育为主,传播、普及科学的科普场馆)、科技博物馆(包括科技类博物馆、天文馆、水族馆、标本馆及设有自然科学部的综合博物馆等)、青少年科技馆(站)等。

本书介绍目前4种主要的科普场馆分类方法。

1. 领域分类法　　这种分类方法以学科界限对科普场馆的类型进行区分,通常划分为天体、植物、动物和地质等几个主要类型。

2. 象限分类法　　这种分类方法从多个维度对科技博物馆进行类型划分,各个科普场馆根据其自身的属性划入对应的象限当中。例如,"六分类"法就是以综合性和专业性为横坐标,产业、科技、自然为纵坐标,将科普场馆进一步细分为综合性的产业科普馆、专业性的产业科普馆、综合性的科技博物馆(科技中心)、专业性的科技博物馆(科技中心)、综合性的自然博物馆和专业性的自然博物馆六种类型。

3. 专业属性分类法　　上海市科委在工作实践中,按照科普场馆的性质及其在科学普及中所起的作用,将其分成两大类：一是示范性科普场馆,主要包括上海科技馆、上海自然博物馆、上海昆虫博物馆和上海铁路博物馆等,目前共有56家；二是基础性科普基地,包括辰山植物园、东方绿洲等。两类科普场馆的主要特点及区别如表2.1所示。

表2.1　基于专业属性的科普场馆分类(以上海为例)

类型	内涵	案例
示范性科普场馆	具有行业(专业)特色,通过实物展示、情景模拟等形象化手段,向公众普及科学知识、倡导科学方法、弘扬科学精神、传播科学思想的科普场所	目前上海共有56家,包括上海科技馆,上海自然博物馆(上海科技馆分馆),上海海洋水族馆、上海城市规划馆、中国航海博物馆、上海儿童博物馆、上海眼镜博物馆等
基础性科普基地	由政府、企事业单位或其他社会组织建立的、不以营利为目的,面向公众开放,能够经常从事科普活动的场所	目前上海共有基础性科普教育基地超过260家,包括东方绿洲等

4. 公益属性分类法　　一般来说,按照科普场馆的依托单位或所属系统的不同,可以将它们划分为大学(高等院校)、科研院所、企业、社会团体和政府管理部门等几大系统。按照场馆的所有制形式,可划分为国有、民营和外资等三大类。根据政府管理部门在科普场馆运行管理过程中所起作用和功能的不同,可以把科普场馆大致划分为公益类、准公益类和市场运作类(表2.2)。

表2.2　基于公益属性的科普场馆分类(以上海为例)

序号	场馆名称	依托或主管单位	所属类型
1	上海中医药博物馆	上海中医药大学	公益类
2	上海昆虫博物馆	中国科学院上海生命科学研究院	公益类
3	上海市青少年科技探索馆	上海市黄浦区青少年活动中心	公益类
4	上海地震科普馆	上海市地震局	公益类
5	上海隧道科技馆	上海市市政工程管理处	公益类
6	长江河口科技馆	宝山区科学技术委员会	公益类
7	上海儿童博物馆	宋庆龄陵园管理处	公益类
8	上海消防博物馆	上海市消防局	公益类
9	上海眼镜博物馆	宝山路街道	公益类
10	上海邮政博物馆	上海市邮政公司	准公益类
11	上海铁路博物馆	上海铁路局	准公益类
12	上海市银行博物馆	中国工商银行上海分行	准公益类
13	上海磁浮交通科技馆	上海磁浮交通有限公司	准公益类
14	上海风电科普馆	上海滨海森林公园有限公司等	准公益类
15	上海东方地质博物馆	上海浦东凌空农艺大观园有限公司	市场运作类
16	上海海洋水族馆	上海海洋水族馆有限公司	市场运作类

(1) 公益类：一般是由政府机关、各类享受财政拨款的事业单位(如公立的大专院校、研究院所等)和社会团体(如学会、协会及其下属机构等)主办或主管的科普场馆。这类科普场馆建设、运行管理所需的一切人力、资金、物质大部分由政府财政负担，政府是科普场馆的全部或大部分资金的投入者，也是科普场馆运作战略的制定者和促进者。根据主办或主管单位的性质，还可细分为政府机关主办的场馆、学校主办的场馆、研究院所主办的场馆，以及社会团体主办的场馆等若干类型。

(2) 准公益类：准公益类的科普场馆是指政府通过购买科普服务和产品的方式部分参与科普场馆的建设和运行管理的投资，科普场馆建设和运行管理所需的人才、资金和物质部分等主要由各单位自行承担。这类科普场馆一般由企业或非营利性社会团体、民间组织主办或建设，如上海铁路博物馆、上海市银行博物馆、上海磁浮交通科技馆和上海邮政博物馆等。

(3) 市场运作类：市场运作类科普场馆是指政府不直接参与投资科普场馆的建设和运行管理，场馆建设和运行管理所需资金、人才和物质完全由自己筹集，政府部门只是通过政策激励、税收减免或科普项目资助等形式引导科普场馆服务社会和观众，为社会提供有偿的服务和产品。这类场馆一般由企业和营利性社会机构主办，具有明显的企业法人性质，市场化和营利性特征明显，如上海东方地质博物馆、上海海洋水族馆等。

在公益属性分类的三类科普场馆中，市场运作类在培育发展科普产业中最具优势和基础，准公益类特别是公益类场馆则受到一定的限制。

(三) 科普场馆的特点

科普场馆一般具有以下特点。

1. *科技性*　科普场馆是科技、经济和社会发展到一定阶段的产物，更是科技进步的象征，是人类文明精华的展示场所，其主要任务是普及科技知识、宣传科学思想、倡导科学方法、弘扬科学精神、提高全民科技文化素质。因此，科普场馆所普及的科技知识主要是指自然科学知识，科技性是科普场馆的本质特征。科普场馆一般借助科学家、发明家的仪器和机械、模型安排表演等，展示自然科学技术的各分支学科的发展过程，使不同文化阶层的人们容易理解。

2. *互动性*　参与式、互动性的展示方式是科技博物馆发展的源泉及动力。特别是随着现代信息技术的进步，当代科普场馆内的展品更加注重参与性，更加注重展品和观众之间的"互动性"，即通过观众与展品的交互实现科技展示信息的有效传播，充分调动观众全方位的感官体验，让其在"身临其境"的环境下，主动地体会、思考乃至动手去验证原本艰涩的科学原理。特别是一些发达国家和地区的科普场馆或科学中心，在科技教育方式尤其强调观众的参与和互动，注重融交互式、动手实践式为一体，交互式展品是科普场馆的核心和象征。

3. *趣味性*　科普场馆在展示设计中，展品不仅要忠实地反映其所阐述的科学原理，更要进行巧妙的艺术构思，将原本"阳春白雪"的科学知识转化为人们"喜闻乐见"的视觉形象。科技展品要通过造型语意和色彩符号吸引观众动手操作的欲望，让观众在趣味游戏中更为深刻地了解科学知识。

4. *公益性*　科普场馆的建立和运营首先是本着向社会公众提供科教服务，以达到提高全民科学素质的目的，其产业培育乃至盈利经营的最终目的都是为了更好地服务社会公众,是为了弥补运营经费的不足以便更好地向社会公众提供服务。

二、科普产业

(一)科普产业的概念及内涵

目前,科普理论界对科普产业的研究还处于初步阶段,对相关概念缺乏明晰界定,对科普产业的界定未达成共识。

进入21世纪以来,不同领域的学者对科普产业或科普文化产业给出了不同的概念。例如,劳汉生从文化产业的视角,将科普文化产业定义为满足人们的科普文化需要、科普文化消费需求而产生的一种产业。中国科普研究所在2010年完成的《科普产业发展"十二五"规划研究报告》中提出:科普产业是生产和销售科普产品相关的产业,以科普内容和科普服务为核心产品,由科普产品的创造、生产、传播和消费四个环节组成,以市场化的手段,满足公众日益增长的科普需求,并促进公民科学素质不断提升的产业。任福君等认为,科普产业是以满足科普市场需求为前提,以市场机制为基础,向国家、社会和公众提供科普产品和科普服务的活动,以及与这些活动有关联的活动的集合;并进而认为,科普产业是科普的经济化形态,是科普经济的存在形式,是科普生产分工细化、科普生产方式增加、科普流通销售载体变迁、科普消费需求日益增加的产物,是具有研究开发、生产经营、分配流通和消费性的产业。

上述这些定义侧重科普产业的经济性和市场性,以及科普产业与文化产业等相关产业的关系,而且提出了科普产业的构成,具有很好的参考价值。但是,科普产业是社会经济发展到一定水平和科学技术事业发展到一定阶段后才产生并成长起来的,对科普产业的理解和界定应该立足于科学传播和产业发展的特定规律。按照产业经济学的一般原理,产业的主体是企业,产品和商品是产业的重要标志。因此,在借鉴已有相关定义的基础上,应用产业经济学的基本理论,本书认为科普产业是科普社会化、市场化的必然趋势,是为满足社会公众的科普文化需要、科普文化消费需求而产生的一种产业,是通过市场经济手段提供科普产品和服务的企业的集合。科普产品包括两大类:一类是服务型文化产品,如科普场馆、具有科技内容的文化演出等;另一类是实物型文化产品,如讲解科学原理的益智玩具、科普图书和影像制品等。

(二)科普产业的基本特点

科普产业是科普市场化经营而形成的一种实业,属于科普事业在市场经济条件下发育出来的衍生物。作为正在生成、发展中的新生产业,科普产业具有以下特点。

1. 发展阶段性　　产业发展是要有市场的,而市场则是以消费需求为前提。科普产业属于高阶产业,是社会经济发展到一定阶段和人们科学素质水平到达一定水平之后,才会形成对科普产业和科普服务的大规模的消费需求,才有可能形成科普产业。所谓科普消费,就是公众投入在学习科技知识和提高文化修养方面的开支。按照国际经验,当一个国家人均国内生产总值(GDP)达到3 000美元时,居民消费进入物质消费和精神文化消费并重时期;超过5 000美元时,居民消费将进入精神文化需求的旺盛时期。早在2012年,我国人均国内生产总值就达到5 414美元,上海人均达到13 626美元,文化消费步入了快速增长期,人们的文化消费在向健康型和知识型发展,科普产业的市场前景很广阔。

2. 与科学技术的融合性　　科普产业具有科学传播的内容和使命,是文化产业与高新技术联姻的产物。文化产业离不开高新技术,高新技术也需要内容产业。随着数字化信息技术的快速发展,人们对文化产品和项目的科技含量要求越来越高。要运用高科技手段,生产和改造传统的科普文化产品,开发新兴科普文化产业载体和通道,不断提高科普产品的知识含量和技术含量。

3. 与其他产业的渗透性　　科普产业是无边界产业,这就是说,科普产业可以涉及任何具有普及科学知识、倡导科学方法、传播科学思想、弘扬科学精神等功能的产业门类,总体而言,是一个具有高科技含量、高文化附加值和丰富创新度的现代服务业。就产品内容而言,科普产业存在于教育、出版、互联网与信息、视频、展览、旅游等行业当中;就产品形式而言,科普产业存在于音像制品、书籍、玩具、场馆等载体当中。科普内容不具有排他性,即同样一个行业或载体,除了具有科普功能之外,还具有娱乐、锻炼、社交、休闲等其他功能,因此,很难从中剥离出科普所独有的功能,这也在客观上给科普产业统计造成了困难。

（三）科普产业的主要类型

"科普产业"是一种新的产业,它与制造产业和服务产业的产业链具有共生性、同律性,即在制造产业链和服务产业链的各个环节,都可能产生对应的从事科普产品开发或提供科普服务的企业,从而形成创意产业链。

在制造产业的上游,环绕着企业的定位(发展战略、产品方向)、产品的研发和设计、内容创作,可形成一批专业从事技术预见和科普产品研发、设计、构想的企业,如提供科普剧本的、做科普产品设计的企业;在开发、制造的中间环节,可形成一批从事科普内容生产的咨询、服务、外包公司,如影视剧制作公司、软件开发企业、印刷厂、玩具厂等;在下游环节,从产品营销、品牌营造到为用户服务,也都有企业加入,如平台型企业、科普场所运营企业、旅行社等。由此,可以把科普产业分为内容类、服务类、制造类 3 种类型(表 2.3)。

表 2.3　科普产业分类及产品形态

内容类	科普图书期刊、科学视频(电视、电影、Flash 等)、科普歌曲、科普广播、科普社交 APP、科普游戏、科普艺术表演、科普场馆、科普教育基地、科普活动室、网络平台等
服务类	科普旅游、通信、科普宣传(广告、会展等)、科普相关产品设计、制造、销售、服务,与科普服务产品相关的基础设施开发、建设、维护,科普咨询服务;科普培训
制造类	科普展教具、玩具及相关生产设备、音像设备、科普展品展项,其他科普创意产品

三、科普场馆产业

展望科普场馆行业发展的未来趋势和前景,产业化发展才是根本之路。科普场馆发展科普产业的目的在于让场馆通过经营科普产品和科普服务获得经营性收益,让消费者通过市场购买来满足自身的科普需求,并通过消费过程获得科学技术知识和信息,增加对科学技术的理解,提升自身的科学素质。

按照产业经济学的基本理论,产业是社会分工的产物,是社会生产力不断发展的必然结果。作为社会经济活动,产业是某一行业领域内提供产品或服务的企业的总和,具有以下特点：① 作为一个特定、独立的产业,必须具有一定的规模,其经济总量在 GDP 中占有一定的比重；② 是一些具有相同经济活动特征的组织集合；③ 有相对明晰的统计对象和边界，可以比较方便地进行跟踪统计；④ 产业的存在，以产业（产品和服务）的供给者和需求者存在为前提，以连接供求关系的市场为活动平台，产业的存续与发展状况取决于其市场的绩效行为；⑤ 产业的构成是不断发展变化的，社会经济与科学技术的不断发展，造成一些产业不断衰减，一些产业不断发展，不断产生一些新兴的产业；⑥ 有学科支撑，学术研究成果既是对产业实践的理论总结，也不断指导着产业发展。

结合前文对科普产业的界定，可以认为，科普场馆产业是科普产业的一个细分领域和重要组成部分，是指围绕科普场馆的策划、建设、运营等全过程，主要通过市场化手段为社会公众提供各类产品和服务的机构（企业）的集合（表 2.4）。

表 2.4 科普场馆产业的分类目录

文化产品的生产	国民经济行业代码	科普产品的生产
新闻出版发行		科普读物出版发行
出版服务		科普出版服务
图书出版	8 521	科普图书出版
期刊出版	8 523	科普期刊出版
音像制品出版	8 524	科普音像制品出版
电子出版物出版	8 525	科普电子出版物出版
发行服务		科普发行服务
图书零售	5 243	科普图书零售
音像制品及电子出版物零售	5 244	科普音像制品及电子出版物零售
广播电视电影服务		科普广播电视电影服务
电影和影视录制服务		科普电影和影视录制服务
电影和影视节目制作	8 630	科普电影和影视节目制作
电影放映	8 650	科普电影放映
文化信息传输服务		科普文化信息传输服务
互联网信息服务		互联网信息服务
互联网信息服务	6 420	互联网科普信息服务
文化创意和设计服务		科普文化创意和设计服务
文化软件服务		科普软件服务
软件开发	6 510	科普软件开发
数字内容服务	6 591	科普数字内容服务
文化休闲娱乐服务		文化休闲娱乐服务
景区游览服务		景区游览服务
游览景区管理	7 852	游览景区管理（科普旅游）
文化产品生产的辅助生产		科普文化产品生产的辅助生产
会展服务		会展服务
会议及展览服务	7 292	会议及展览服务
文化用品的生产		文化用品的生产
办公用品的制造		科普文化用品的制造
文具制造	2 411	科普展教品的制造
玩具的制造		玩具的制造
玩具制造	2 450	科普玩具制造

第二节 科普场馆产业发展能力的内涵及特征

一、对产业发展能力的理解

产业发展是指产业萌芽、成长和成熟的过程,是在市场需求结构和资源结构的约束下,产业从无到有、结构从简单向复杂、产出效率和产业关联度由低到高的渐进过程。产业发展包含着两层含义:第一是指某个具体产业的发展过程;第二是指以产业结构为表现形式的整个经济体的演化过程。对科普场馆整个行业而言,其产业发展是指科普场馆产业从无到有、从弱到强的成长过程。

"能力"是指个体或组织能够胜任某项工作的本领。对个体而言,主要侧重于实际活动中的表现,即顺利完成一定活动所具备的、稳定的个性特征。对组织而言,能力直接影响组织成长的过程和效率,是影响组织演化发展的最重要的内在因素。

对产业来说,产业发展能力是指某一产业在保持可持续发展和发挥比较优势的前提下,通过持续的技术升级和创新推动传统产业发展,不断提升产业竞争力,创造高级生产要素,实现产业结构向合理化和高度化发展的能力,是某一产业在开放性的市场竞争中自我生存并长期发展的能力,既是一种现实的实力,也是一种可能的潜力。

二、科普场馆产业发展能力的内涵界定

(一)科普场馆产业发展能力的概念与内涵

对科普场馆而言,产业发展能力是一个科普场馆在市场经济条件下生存和发展的关键,只有提升产业发展能力,场馆才能在日益激烈的市场竞争中立于不败之地。可以认为,科普场馆产业发展能力是科普场馆基于对场馆内外部资源的有效整合,形成具有独特特征、竞争对手难以仿效、能够给场馆带来长期稳定的市场经济收益、社会效益和竞争优势的综合能力。

科普场馆产业发展能力并非一种单一的能力,而是包含多种能力,是一个"能力系统",在该系统中,资源投入能力是基础,内容产出能力是关键,市场盈利能力是核心,创新开拓能力是保障,品牌营销能力是支撑,五者相互联系、相互促进,共同决定着科普场馆产业发展能力的强弱(图2.1)。

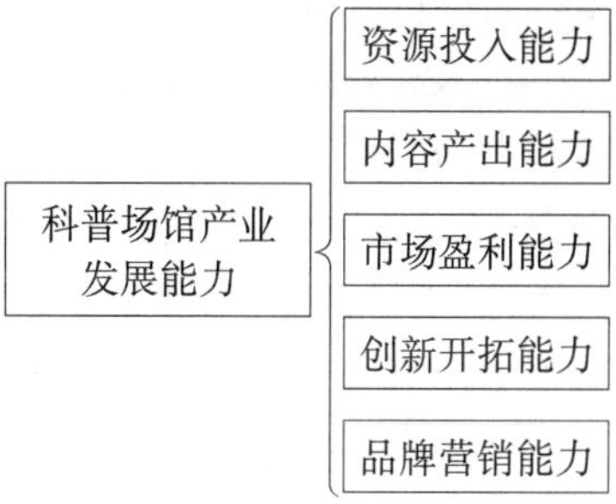

1. **资源投入能力** 主要包括资金投入(如每年投入产业化开发的资金数额)、人力资源投入(如科普产业从业人员、专兼职科普工作者)等。

2. **内容产出能力** 主要是指科普场馆为社会公众或行业提供的各类科普内容产品和服务的数量和质量,如开发的科普展教具、科普活动次数及参与人数、出版科普图书及影视作品、制作科普课件等。

图 2.1 科普场馆产业发展能力的构成模型

3. 市场盈利能力　　主要是指科普场馆通过市场化手段获得的各类收入及利润、上缴的税收等，如门票收入、科普作品出让收入等。

4. 创新开拓能力　　主要是指科普场馆着眼于长远发展，为加强自身科普能力建设而开展的创新活动及产出，如专利数量、研发投入、项目获奖等。

5. 品牌营销能力　　主要是科普场馆面向行业或社会公众开展宣传推广及产品营销的能力，包括宣传推广的渠道载体，如微信、网站等，也包括对宣传推广的成效，如媒体报道次数等。

（二）科普场馆产业发展能力的影响要素

科普场馆的运行是由各种要素和环节所构成的完整系统。场馆的运行绩效和产业发展能力是各要素运行绩效的叠加。一旦某一要素或某一环节出现问题，场馆的整个运行就将受到影响，甚至可能导致整个场馆处于瘫痪状态，其产业发展和培育也就无从谈起。场馆运行的各种要素和各个环节虽然都起着不可替代的作用和功能，但其作用和功能却是不一样的，表现出明显的层次性。不同层次的要素和环节按照一定的方式和规律组织，共同促进场馆的运转。根据传播学的基本理论，科普场馆产业发展能力的影响要素，可分为核心要素和非核心要素，核心要素包括市场需求、产业资金、市场化人才和展品等，其他诸如政府的政策法规、场馆自身的类别（所有制属性）、成立时间等要素就属于非核心要素。

1. 需求：场馆运行的"发动机"　　任何一个科普场馆的建立和发展及至开馆后的运行管理，都有其特定的需求。这种需求是方方面面的，它是场馆运行和发展的"发动机"，离开了这些需求，场馆的运行和发展也就失去了原始的动力。一般来说，场馆的需求主要包括四大方面：一是社会，主要是指政府管理部门对场馆的需求，即希望场馆切实起到公益性作用，发挥社会效益，提高公民科学素质，满足公民的文化需要；二是场馆主管（主办）机构（即场馆所在的企业、学校、研究院所、政府机关等单位或机构）对场馆的需求，即希望场馆为其所在的企业、单位造势，提高场馆所在企业、单位的社会知名度；三是社会公众对场馆的需求，即公众希望自己在参观场馆过程中，能够得到休闲、获取愉悦、受到教育和启发；四是科普场馆自身的需求，即力图实现自身的可持续发展，提高自身的竞争力。

2. 人才：场馆运行的"中枢"　　治馆兴科看人才。人才是科普场馆运行和管理的中枢和大脑。科普场馆的人才包括管理者、技术人员及广大的志愿者队伍。在场馆运行管理中，人是很关键的因素。人可以发挥主观能动性，改变场馆运行管理的现状。一支相对稳定、热爱科普工作、熟悉业务、素质较高的科普人才队伍，是进一步健全管理，提高科普场馆运行质量和水平的根本保障。

3. 资金：场馆运行的"血液"　　科普场馆的持续发展和高效运行，需要长期而稳定的资金注入，资金是科普场馆高效运行和科学管理不可或缺的"血液"。科普场馆的日常运行，人员开支，科普活动开支，展品的购买、维护和更新等各个运行管理环节都需要有充足而稳定的资金保障。

4. 展品：场馆运行的"灵魂"　　展品、展项是科普场馆一切工作的基础，是科普场馆运行管理的灵魂所在。无论是博物馆、科技馆还是专题性的科普馆，都必须依靠丰富、生动的展览和展品，才能成功运转，才能实现可持续发展。离开了展览、展品、展项，科普场馆的运行和管理也就成了无源之水、无本之木。没有合适的展览、展品,科普场馆也就无法吸引观众,其科学传播和科普教育的功能也就无法实现,其存在也就失去了意义。除了拥有丰富、生动的展品、展项外,还要不断更新展品、调整展览,不能一成不变,否则,不仅展品设施的科技含量会因落后于时代而大大降低,其展示的科普内容也会趋于陈旧,从而失去吸引力。

5. 政策:场馆运行的保障　　各级政府管理部门出台的各项规章制度和政策条例对科普场馆的运行管理也起着非常重要的作用,可以说是科普场馆运行过程中不可缺少的保障。法律规章可以规范场馆的发展和运行,保证科普场馆不偏离当初建馆的目的,保证科普场馆的社会公益性;各项优惠或激励政策措施有利于提高科普场馆的运行效率,优化科普场馆发展所需的外部环境,为科普场馆的运行"保驾护航"。

三、科普场馆产业发展能力的基本特征

作为竞争取胜的根本,科普场馆产业发展能力具有难以模仿性、价值增值性、系统整体性、培育长期性和动态发展性等基本特征。

（一）难以模仿性

科普场馆产业发展能力在其形成过程中融入了科普场馆文化、价值观等多种特质,深深印上了场馆自身的特色,因而每个场馆的核心竞争能力和产业发展能力都是独特存在的,这种竞争优势是一种独一无二的综合能力,是竞争对手难以仿效和复制的。

（二）价值增值性

科普场馆产业发展能力一旦形成,既有助于提升场馆的生产效率,又可以为场馆带来源源不断的持续利润,还能够让场馆的科普产品或服务为社会公众带来一种独一无二的满足感,并能在价值创造和成本控制上远高于竞争对手,为科普场馆创造价值增值。

（三）系统整体性

科普场馆产业发展能力是场馆各种资源及内外部环境要素之间相互作用而成的,是场馆核心技能、管理能力及关键技术等要素的有机整合。因此,科普场馆产业发展能力的培育需要将各种资源、知识、技能、技术有效整合,并以恰当的管理方式有效介入,从而增强各要素间的协同性,发挥整体效应。

（四）培育长期性

科普场馆产业发展能力是场馆在长期的竞争发展过程中逐渐形成的,是一种无形资产,能够有效支撑场馆过去、现在和未来的市场竞争,并使场馆在竞争环境中能够较长时间地保持独特优势。

（五）动态发展性

虽然科普场馆的产业发展能力内生于场馆自身,但其竞争优势也是动态发展的,与特定时期的产业动态、科普资源及场馆所拥有的其他能力等因素高度相关。随着产业发展、市场变化,其产业发展能力也会逐步演化,场馆必须通过持续稳定的支持、创新和保护,才能保证其独特的能力优势不被竞争对手超越。

第三章 国内科技馆发展概况

第一节 国内科技馆总体情况

科技馆是重要的科普传播场所,是一种重要的科普基础设施。科技馆的主要功能是展览教育,通过常设和短期展览,以激发科学兴趣、启迪科学观念为目的,用参与、体验、互动性的展品及辅助性展示手段对公众进行科学技术和创新的普及。本章中的数据主要来自历年全国科普统计的调查结果,所指的科技馆,与全国科普统计的指标定义一致,指那些建筑面积在500平方米以上,以科技馆、科学中心、科学宫等命名的,以展示教育为主,传播、普及科学的科普场馆。

一、场馆数量快速增长

2017年,全国共有科技馆488个,比2016年增加15个,增长3.17%。科技馆建筑面积合计371.07万平方米,比2016年增长15.74%;展厅面积合计180.04万平方米,比2016年增长14.52%;参观人数共计6301.75万人次,比2016年增长11.61%。从2006年到2017年,全国科技馆的数量稳步增长。从基建支出看,2006年和2008年是投入较大的两年,其他时期投入相对平稳,维持在20亿~50亿元(图3.1)。

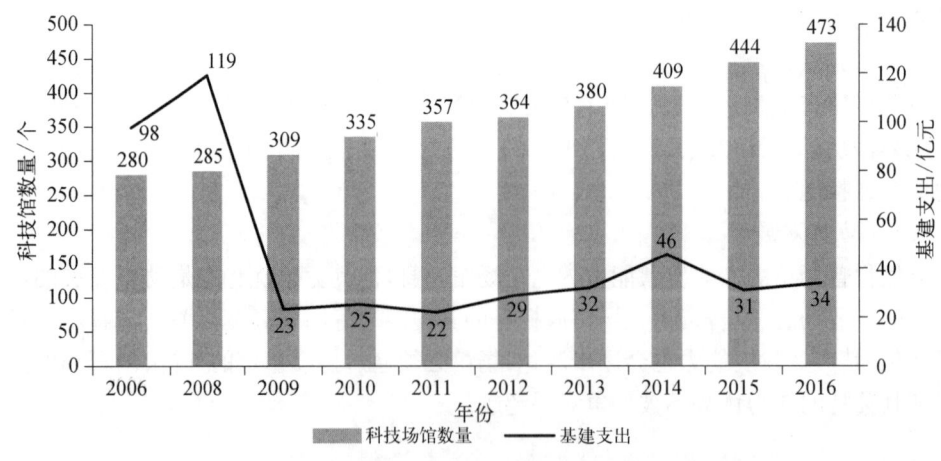

图3.1 2006—2017年全国科技馆数量变化与基建支出情况

二、特大型场馆相继开放

最近 20 年我国迎来了特大型科技馆建设的热潮。《科学技术馆建设标准》将科技馆按照建设规模分成特大、大、中和小型四类：建筑面积 30 000 平方米以上的为特大型馆，建筑面积 15 000 平方米以上至 30 000 平方米的为大型馆，建筑面积 8 000 平方米以上至 15 000 平方米的为中型馆，建筑面积 8 000 平方米及以下的为小型馆。经查询这些特大型科技馆的开放时间可以发现，大部分特大型科技馆都是在 21 世纪建成的，特别是在 2008 年以后（表 3.1）。特大型科技馆建成后，需要庞大的经费维持，在 2017 年平均每个大型科技馆的科普经费筹集额达到了 6 000 多万元，基建支出达 800 多万元。

表 3.1　全国特大型科技馆及其建成时间

名称	建成时间	名称	建成时间
广东省科学中心	2008 年	沈阳科学宫	2000 年
辽宁省科学技术馆	2013 年	广西科学技术馆	2008 年
中国科技馆	2009 年	中国杭州低碳科技馆	2012 年
上海科技馆	2001 年	青海省科技馆	2011 年
宁波科学探索中心	2014 年	汕头科技馆	1997 年
大庆石油科技馆	2009 年	河北省科学技术馆	2006 年
厦门诚毅科技探索中心	2015 年	扬州科技馆	2015 年
马鞍山市科技馆	2014 年	济宁科技馆	2013 年
重庆科技馆	2009 年	绍兴科技馆新馆	2014 年
内蒙古科技馆	2014 年	浙江省科技馆	2009 年
武汉科学技术馆	2006 年扩	东营市科学技术馆	2015 年
四川科技馆	2006 年		

我国现有特大型科技馆 23 个，比 2016 年增加 1 个，建筑面积 50 000 平方米的甘肃省科技馆在 2017 年年底开放；大型科技馆 43 个，比 2016 年增加 15 个；中型科技馆 42 个，比 2016 年增加 9 个；小型科技馆仍然是主体，共有 379 个，比 2016 年减少了 10 个。增加的科技馆大多是大型和中型科技馆，一些小型科技馆失去了科普功能。特大型科技馆的平均建筑面积远高于大型和中型科技馆。特大型科技馆配备了较为完备的专职科普人员，也取得了比较好的参观效果（表 3.2）。

表 3.2　2017 年各类科技馆的数量、建筑面积及参观人数

场馆类别	特大型科技馆	大型科技馆	中型科技馆	小型科技馆
建筑面积/平方米	30 000 以上	15 000～30 000（含 30 000）	8 000～15 000（含 15 000）	8 000 及以下
场馆数量/个	24	43	42	379
合计建筑面积/万平方米	128.51	95.40	46.62	100.54
合计参观人次/万人次	2 356.69	1 802.50	724.42	1 418.13

三、科技馆经费来源仍以政府拨款为主

与全国的科普投入形势类似,2017 年科技馆的经费来源仍然以政府拨款为主。科技馆共筹集科普经费 32.81 亿元,平均每个科技馆筹集科普经费 672 万元,均比 2016 年有所增长。科普筹集额中来自政府拨款 27.56 亿元、自筹资金 2.83 亿元、捐赠 1.14 亿元、其他收入 1.28 亿元。捐赠数额比 2016 年大幅增长。科技馆的基建相关支出共计 11.59 亿元,其中场馆建设支出 3.09 亿元,展品设施支出 5.67 亿元,都比 2016 年大幅增长,可见,科技馆的维护和展品设施更新都更加受到重视。

四、在科普工作中发挥巨大作用

除了日常的常设展览、临时展览,科技馆还举办了非常多的科普活动。2017 年全国的科技馆共举办科普(技)讲座 1.24 万次,共有 260 万人次参加;共举办科普(技)展览 5 628 次,观众达到 2 861 万人次;还举办了 1 169 次科普(技)竞赛活动,共有 218 万人次参加。

第二节 现状分析与相关建议

一、场馆分布的区域差异问题

由于地区发展差异和各地区对科普工作的重视程度不同,科普场馆分布存在一些区域差异。2017 年东部地区科技馆数量持续增加。东部地区 11 个省共有 259 个科技馆,占全国总数的 53.07%;而中部和西部地区 20 个省合计有 229 个科技馆,分别占全国总数的 23.16% 和 23.77%。从科技馆展厅面积占建筑面积比例来看,东部、中部和西部地区差别不大(表 3.3)。

表 3.3 2017 年东部、中部和西部地区科技馆建筑面积和展厅面积比较

地区	建筑面积/万平方米	展厅面积/万平方米	展厅面积占建筑面积比例
东部地区	202.33	96.79	47.84%
中部地区	74.79	36.39	48.66%
西部地区	93.95	46.86	49.87%
全国	371.07	180.04	48.52%

特大型和大型科技馆大多分布在东部地区,但目前西部地区的科技馆平均规模最大。东部地区平均每个科技馆的建筑面积为 7 812 平方米,与 2016 年基本持平。中部地区为 6 618 平方米,比 2016 年有所增加。西部地区为 8 099 平方米,甘肃省科技馆这个特大型科技馆的建设,大幅提升了西部地区的平均水平。

2017 年,全国各省平均拥有 16 个科技馆,共有 12 个省(直辖市)的科技馆数量超过

平均数。科技馆数量在 30 个及以上的省(直辖市)有湖北(50 个)、广东(43 个)、福建(36 个)、上海(31 个)和山东(30 个)(图 3.2)。湖北省的一些小型科技馆近年来逐步失去科普功能,数量逐渐减少。

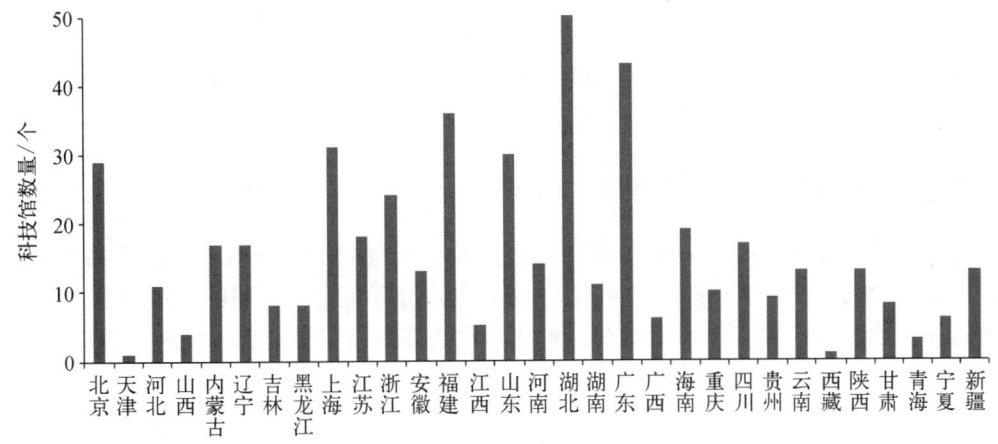

图 3.2　2017 年全国科技馆分布情况

广东的科技馆总建筑面积最大,其次是浙江和北京。吉林的科技馆总建筑面积最小,吉林虽然有 8 个科技馆,但建筑面积都比较小。

2017 年,广东的科技馆参观人数合计 554.50 万人次,排在全国第 1 位;上海的科技馆参观人次占上海常住人口的 22.50%,排在全国第 1 位。科技馆参观人次占常住人口比例较低的省是甘肃、吉林、四川和河北(图 3.3)。

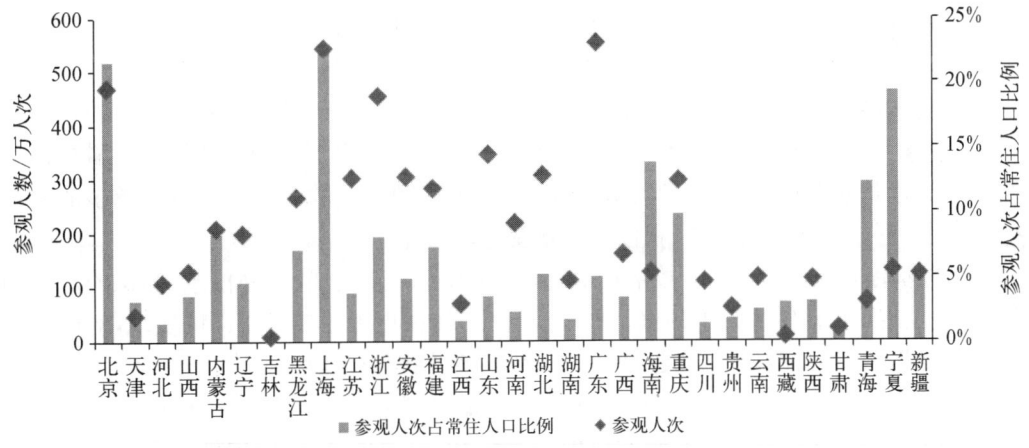

图 3.3　2017 年各省科技馆参观人次及其占地区常住人口比例

二、场馆资源配置仍然落后

科普人员特别是科普讲解人员和创作人员缺乏。2017 年全部科技馆共有科普专职人员 10 971 人,比 2016 年有所下降。其中专职科普创作人员 1 038 人,专职科普讲解人员 3 323 人,都比 2016 年有所增长;共有科普兼职人员 5.80 万人,注册科普志愿者 7.53 万人。但有近 100 个科技馆没有专职科普人员，占全部的 20% 左右；200 多个科技馆没有专职科普讲解人员；380 多个科技馆没有专职科普创作人员。

科技馆的持续建设与运营缺乏经费支持。2017 年科技馆的基建相关支出共计 11.59 亿元，其中场馆建设支出 3.09 亿元，展品设施支出 5.67 亿元，都比 2016 年大幅增长。基建支出占全部科技馆经费使用额的不到 30%，有近 300 个科技馆没有基建支出。300 多个科技馆没有展品支出。这种人员和经费的缺乏，使得很多科技馆无法维持比较正常的运行和展品更新，随时可能陷入失去科普功能的境地。

三、场馆科普功能发挥不足

许多中小型科技馆存在场地被挪用情况严重、展厅面积不达标、人流量不足等问题，这些问题导致了科技馆的科普功能无法有效体现，达不到建设初期的预期效果。100 多个科技馆的年参观人次低于 5 000 人，150 多个科技馆没有举办任何一场科普讲座。

（一）从教育内容看：国内科技馆 STEM 课程开展情况

纵观国内科技馆的 STEM(science，technology，engineering and mathematics)课程，大部分开展的一些项目是属于一次性的、以提高兴趣为主的探究互动，或实质依然是教师主导下的学科 A＋学科 B 的探究式学习，还有一些是"新瓶装老酒"，更有小部分是跟着老师"动手做"。这其中既有对于 STEM 课程的理解不同的问题，也有课程实施中最大的问题——参与主体即学生的不稳定，参与者的不稳定导致协作小组的不确定。

一次性课程在教育学上称不上真正的课程。博物馆教育可以引发观众的兴趣，但博物馆课程教育不能单纯仅达到引发兴趣的目的。实践证明，短课程（时间周期短、聚焦一个现实问题的解决）比较适合科技馆的 STEM 课程。作为国内非正式教育的主要机构，科技馆决不能满足已有的成绩，须得奋力直追，质的突破迫在眉睫。

（二）从教育手段看：新媒体技术对科技馆教育的影响

近年来，体验学习在新媒体技术下得到充分的发展，学习的渠道融合、学习的终端输出融合是学习方式改变的重要因素。利用移动终端等设备及时方便地获取所需科技信息和资源，调动情感及情绪，激发学习的内驱力，这种移动学习的方式已被越来越多的参观者所接受。科技馆应面对转变，积极适应新变化。

1. 内容的准确性　　随着数字技术、信息技术的飞速发展，各种信息、知识的发布和修改更为方便，互动传播趋于频繁。展项设计中，往往更关注技术层面的实现，对内容的"专业把关"不够或忽略，导致在已展出的互动展项、视频或多媒体中会出现一些不严谨的科学内容，甚至是错误的内容，这样反而大大降低了科普的实效性。在科技馆展项设计中，应加强对内容科学性和真实性的评价，如增设前置评估，委派馆内外专家对内容进行把关，这样可以减少内容上的错误或不确定性。同时，对于一些最新的科技动态也应及时地调整和修改，确保在馆内呈展的科技信息、科学原理及方法是真实、准确的。

2. 技术的兼容性　　新媒体技术涉及诸多技术领域，其发展也受到社会需求的影响而不断变化，所以具有不确定性。在展示设计中，应充分考虑其技术的前瞻性，较全面地考虑功能模块拓展和接口预留。例如，基于增强现实与异型屏实时互动系统，采用多投影机拼接、图像合成控制技术，能够产生一种多视角、多屏幕显示的互动环境，这种大型集成技术项目,可供多人共同参与,具有高度沉浸感和互动性的视觉信息交互功能,体现出极佳的技术兼容性。又如,参观者使用的个人终端可能是智能手机,但就其主流系统而言,又可分为 Android、IOS 系统等,这也需要通过技术融合匹配多种终端和操作系统。再如,为应对大数据交换的挑战,云计算技术的运用也将成为信息资源储存、调取、交换的主流方式,这同样需要注意其兼容性、扩展性及升级等方面的问题。

3. *形式的适度性*　　新媒体时代下,信息"碎片化"现象是不可逆转的事实。参观者更趋向接受直接的体验,不用太长的时间去思考内容,个人注意力及逻辑记忆都会呈"碎片化"。实践中,有些展项刻意向参观者提供所谓的"互动快餐",这种感官化的转移,让参与者不用思考,单靠自身的视觉、听觉、嗅觉、触觉等就能得到感官上的刺激和满足。这种为了互动而互动的纯粹感官体验,会削减参观者的想象力和创新思维的形成,不利于科学教育的实施。

新媒体技术为科技馆科普营造了更多的沉浸感,但没必要在每个展项或在所有的教育策划中都使用新技术。一些简单的机械或自控装置,如"越转越快""手蓄电池"等展项,或诸如"DIY 实验室""发现我身边的科学"等小活动,也能够起到互动、思考、启发和实践的功能。这些展项和活动虽然看似简单,但能够全面调动了个体的认知体验。参观者可以在过程中学习,获得自身经验与现场体验进而促生新的认知产生。

4. *融合的互补性*　　纵观传播媒介的历史,新媒体技术的发展是一个不断叠加渐进的过程,而不是否定其他媒介或处于完全对立、不可协调的关系。图文板、实物、标本、图片、照片、视频、模型、互动模型到大型多媒体展项,在展览策划中都起到不同的科普作用。例如,"标本+视频"的简单混搭可以在展现真实标本的同时,讲述其背后的科学或人文故事;通过远程视频技术可以实现实时野外现场实景的传输;"场景和机电模型"组合可以让参观者在更为真实的虚拟中探求科学,易于理解展项所传达的科学原理和理念;有些科技馆采用媒体工程所打造的梦幻剧场,通过声光电的特效加真人表演的形式,也是很好的尝试。这些组合创新都是媒体间优势互补的体现。

5. *虚实的统一性*　　新媒体技术可以让参观者在营造的沉浸场景中体验和感受科技,参观者甚至是不用出门就可以进行虚拟互动。应注意的是,过度的虚拟状态也会让参观者脱离现实,对周围真实世界的感受大大降低甚至丧失,新技术的滥用同样会带来"负能量"。因此,在科技馆里仍需提供必要的真实学习和现场交流,如科学实验室、科学小讲台、科普论坛、主题夏令营、科技竞赛等,让参观者走进到真实的教育情景,在虚拟和现实之间建立起有效的关联,通过操作、观察、体验、发现、思考的实践过程,实现"体验与真实"的统一。

四、未来发展的相关建议

(一)科技馆建设的公平性和可达性

《科普基础设施发展规划(2008—2010—2015)》指出,在 2015 年,全国城区常住人口 100 万人以上的大城市至少拥有 1 座科技类博物馆,各直辖市、省会城市和自治区首府至少拥有 1 座大中型科技馆。目前全国范围内已基本完成此项建设目标。在城市布局基本完成后,科技馆建设应该进一步关注在城市内部的公平性和可达性指标。可达性是指居民克服距离和旅行时间等阻力,到达一个活动场所的愿望和能力的定量表达,是衡量城市公共服务设施的空间布局合理性的重要标准。可达性其实探讨的是城市公共设施布局的空间公平性,如可达性高的街区是否也是高需求群体相对集中的街区,弱势群体如儿童、老年人、低收入阶层等所占比例较高的街区是否具有较高的可达性。因此,科技馆建设除了城市选址外,还需要关注在城市内部选址决策时,科技馆的公平性与可达性问题。

（二）加强科技馆专业化建设

首先要加强科技馆专业人员的配置和培训。增加在编专职创作或展教人员的比例。在特大型、大型科技馆等科普场馆设立展教资源研发岗位。其次要强化科技馆展品、设施的更新,很多场馆重视建设投入,后期的展品更新缺乏经费支持,这必然影响场馆的可持续发展。科技馆的经费筹集渠道也需要更多样化,不能完全依靠政府经费来维持运行,相对比较健康的经费结构是政府、社会筹集和自身门票收入各占三分之一,我国的科技馆距离这种模式还有很大差距。

（三）科技馆建设应考虑地区经济发展水平

随着我国经济实力的不断增长,各级政府对科技馆建设的投入和支持越来越大。科技馆的重要性逐渐得到国内各级政府的认同,这是国内科技馆快速发展的关键因素,但应避免过分追求科技馆建设的求新、求奇。各类科技馆在场馆利用效率方面差距不大,每平方米建筑面积的年均承载参观人次在13～21人次,小型科技馆相对还更有优势。不是越大的科技馆普及效果越好。科技馆的建设和后期投入,应结合当地的经济、科技、文化条件和观众资源,合理地确定建设规模。

第二篇

科普场馆产业发展案例

第四章　科普场馆产业发展的国外案例

第一节　英国科普场馆产业发展案例

一、英国科普产业概况

（一）英国科普产业——"文化创意产业"

在英国，很少使用"科普"（popular science）一词，"科普"相关概念通常被"文化产业"（cultural industry）或"创意产业"（creative industry）的概念所替代。"文化产业"一词最早出现于阿多诺与霍克海默1947年出版的《启蒙辩证法》一书中，用以替代"大众文化"。而"创意产业"更是英国对"文化产业"的再次加工提炼。1997年5月，为提振英国经济，时任英国首相的布莱尔提议并成立"创意产业特别工作小组"。1998年，英国"创意产业特别小组"首次将"创意产业"定义为"源自个人创意、技巧及才华，通过知识产权的开发和运用，具有创造财富和就业潜力的行业"。英国提出的"创意产业"虽然在含义上与"文化产业"有所区别，但是在很多时候，"创意产业"可视为等同于英国特色的"文化产业"。在本节中，上述概念将统一合并称为"文化创意产业"。

英国文化创意产业的发展，得益于英国系列政策法规的引导，为创意企业提供全方位的咨询和服务，目前，英国文化创意产业成为英国仅次于金融服务的第二大产业。

（二）英国科普场馆——以博物馆为基础

英国的文化创意产业仅次于美国位居世界第二。英国国内历史文化资源其实并不丰富，但英国特别注重对本国有限文化资源的深度开发，特别是通过对博物馆文化资源和产业链的开发来促成文化创意产业的发展，博物馆可视为英国文化创意产业的基础和精华。

博物馆是一个国家重要的文化基础培育机构和文化创意机构。2006年，伦敦政治经济学院受英国政府所托进行了一项关于博物馆对社会经济文化影响的研究，报告指出，英国的博物馆巩固了创造力的根基，为未来高价值的经济活动打造了创造力的基础。英国的创意产业包括博物馆在内，始终离不开"创意""创造力"等理念，这种创意渗透到布展设计、产品研发、多媒体及高新技术利用等多个方面。博物馆行业发展文化创意产业的目的不仅是为回顾过去，更是为开创未来。在以上发展理念的指导下，英国博物馆在21世纪逐渐从静态的陈列展示转变为动态的体验，相对于传统静态模式，动态模式更强调观众的互动体验，但同时也提高了博物馆工作的难度，博物馆需要与各类组织、个人合作，理解观众的体验需求，开发各类活动，从而向文化创意方向转变，这种新型模式相比我国现阶段的科普产业模式更为先进。

(三) 英国博物馆概况

1. 英国博物馆基本数据　　英国是世界上博物馆密度最大、质量最高、历史最悠久、体系最健全的国家。1759 年建立的大英博物馆是第一座现代博物馆,也是当前世界上最大的综合性博物馆。1889 年,全球首个博物馆协会在英国成立。1926 年,莱斯特大学开设博物馆学专业以培养专业的博物馆人才。1945 年英国议会通过《博物馆法案》,为博物馆的发展提供了保障。迄今英国约有 2 500 座博物馆,包括 28 座国家级博物馆、200 多座公共博物馆、300 多座大学博物馆、800 多座地区性政府博物馆和 1 100 多座独立博物馆。英国平均不到 4 万人就有 1 座博物馆,总藏品超过 1.8 亿件,旅游景点中 80% 是博物馆。英国主要博物馆和展览馆的年营业额超过 90 亿英镑,支出达 65 亿英镑,英国经济活动中每 1 000 英镑就有 1 英镑直接与博物馆、展览馆有关,85% 的境外游客把参观博物馆和美术馆作为英国旅行的主要目的之一。43% 的英国人每年至少去一次博物馆或展览,英国主要博物馆和展览馆年访问量高达 4 200 万人次,而英国的总人口还不到 6 000 万。全英十大旅游景点有 7 个是博物馆,博物馆位于英国旅游目的地排名第 4 位。2005~2006 年,英国主要博物馆和展览馆网站年访问量超过 10 亿人次。各项数据显示博物馆在英国经济中占举足轻重的地位。

2. 英国博物馆的组织结构　　英国政府设置了统管全国文化事业的中央管理部门,但该部门只制定宏观政策和财政拨款,并不对文化事业进行直接管辖,具体的管理事务由各类委员会等中介机构负责,政府只在财政拨款等方面进行协调。英国政府于 2000 年成立了博物馆、图书馆、档案馆委员会(MLA),MLA 隶属于英国数字、文化、媒体和体育部,负责博物馆、图书馆和档案馆发展方针、政策的制定。英国博物馆实行理事会制度,理事会成员大多为有名望的专家学者,一般由 10~20 人组成,理事会主要制定博物馆的总体规划、藏品管理等,但不直接参与博物馆的日常管理,博物馆的具体事务交由馆长负责。

3. 英国博物馆资金来源　　英国博物馆资金来源多样,由政府和社会共同资助。政府拨款一般占到 50% 以上,其余部分需要由博物馆自行筹集,博物馆自行筹集的资金主要来源于公司企业、基金会、信托基金、会员费等。英国博物馆的日常运行费用由政府拨款支付。英国法律规定:"六合彩"盈利的 70% 须用于博物馆、图书馆和档案馆事业的发展。英国博物馆资金来源多样性的特点决定其必须善于经营。历史上英国博物馆的资金几乎全部来自政府拨款,类似于我国政府全额拨款事业单位的模式。如今虽然英国博物馆仍然主要依靠政府拨款,但是政府拨款的资金仅仅只能维持博物馆日常运营,无法满足各博物馆除了生存以外的发展需求。博物馆各类文化活动、教育活动、新展品展项的研发、对藏品进行深入研究等工作都需要大量资金的支持。英国博物馆为了有效筹集政府拨款以外的资金,建立了一套综合资金来源模式,如在博物馆商店出售由博物馆自主开发的特色文创产品、餐厅服务、有偿研究以及顾问服务等。还有一个很有意思的现象,就是博物馆可以吸引观众进行捐款。在英国,几乎每一个博物馆的入口处都会有一个捐款箱,大英博物馆、英国自然历史博物馆等著名场馆也不例外。由于捐款箱内资金的数量直接关系到博物馆的财务状况,因此,英国博物馆会以各种方式提高展览的水准、提升游客的参观体验,使游客心甘情愿地进行捐款。

为实现资金来源的多样化,缓解财务压力,英国博物馆业与市场营销学和旅游业建立了联系。

(1) 博物馆业与市场营销领域的交锋：市场营销学自从被引入博物馆领域以来在很长时间里都受到排斥,传统博物馆学家甚至直言在博物馆领域进行营销活动完全是"莫名其妙"。但是,随着博物馆整体财务压力的增大,市场营销的理念逐渐在博物馆领域被接受,由于英国政府拨款仅能满足博物馆的基本运营需求,博物馆市场营销的目的就是为博物馆长久发展提供经济支持,为社会提供更多的文化与教育服务,实现更好的社会效益。

然而,博物馆市场营销并非万能,博物馆的核心产品是高质量、合理且精心陈列的展品,失去了展品,博物馆就没法生存,市场营销无法替代博物馆核心产品本身。

(2) 英国博物馆业与旅游业的关系：为促进文化创意产业的发展,英国政府特别重视博物馆与旅游业的结合。2001年12月起,英国财政部规定英国所有博物馆和美术馆正式取消门票,常设展区免费对公众开放,只对临时展览收取门票。这种制度意在鼓励所有阶层、所有背景的英国民众和国外游客参观博物馆,为民众提供一个思考和创意的平台。实行博物馆免费政策以来,英国博物馆每年国内参观人数由2001年的720万人次提高到2010年的1800万人次,免费开放的博物馆同时吸引了大批外国游客的参观。英国前10个最受外国游客欢迎的旅游景点中有8个是政府资助的免费博物馆。

英国博物馆与旅游业的合作主要有三种方式：第一种方式是博物馆与旅行社建立联系,鼓励旅行社将博物馆加入旅游行程。团体游客能为博物馆带来可观的餐饮、商品等消费收入。第二种方式是与游客信息中心进行对接。游客信息中心是英国旅游业的重要组成部分,在游客信息中心里,游客可以获得该地区与旅游相关的所有信息,此外还可以在游客信息中心内预定住宿,购买车票、门票等。英国民众通常会将游客信息中心作为游览某一地区的第一站。通过游客信息中心的推荐和支持,博物馆就能获得稳定的游客量。第三种方式是博物馆会积极参与旅游景区星级评比,这类评比与我国A级景区评比类似。在苏格兰地区,拥有一套成熟而有效的旅游景区星级标准,不同类型的景区被分类进行评比,其中博物馆被单独分为一类,被评为"5星博物馆"(最高级别)的场馆在旅游市场上具有强大的影响力。

4.英国博物馆与创意人才的培养　英国充分发挥博物馆在实现科学普及和提高公众素质方面的作用,为人才培育、科学创新提供土壤。英国政府实行博物馆、美术馆、艺术馆免费对学生开放,将资源丰富的文化类场馆转化为艺术、科学教育资源,有效提高各行业的创意潜力。英国的文化创意产业重视培养青少年的创意能力,其文化创意产业专业人才占从业人员总数的14%,而目前我国北京、上海等地的文化创意产业人员占从业人口比例不到1%。

二、案例：英国科学博物馆集团

(一) 英国科学博物馆集团概况

1.英国科学博物馆集团历史　位于伦敦的英国科学博物馆起源于1851年第一次世界博览会结束后建立的南肯辛顿博物馆。1909年,南肯辛顿博物馆重组拆分成了现今著名的英国科学博物馆和英国维多利亚与艾伯特博物馆；1969年,西北科技馆在老牌工业城市曼彻斯特开馆,该馆即为如今科学与工业博物馆的前身;1975年,英国科学博物馆以英国交通委员会的铁道、火车等相关藏品为基础,在约克建立了国家铁路博物馆;1979年,在英国国防部的授意下,英国科技馆在位于罗顿的原二战飞机场上建立了国家藏品中心;1983年,英国国家科学与媒体博物馆建立,该馆主要展示照片、电影电视等相关藏品;2004年,位于希尔登的另一家国家铁路博物馆开馆。2017年12月1日,英国科学博物馆集团取得了对以上所有博物馆的完全经营管理权。

2. 英国科学博物馆集团的组织结构　　英国科学博物馆集团是一个非官方公众组织,虽然说该组织是一个国营机构,但是其在政策制定、活动组织上拥有较大的独立自主权。科学博物馆集团与其赞助部门——数字、文化、媒体和体育部始终保持着一定距离以维护其自身独立性。1988年,英国科学博物馆集团设立了"科学博物馆集团有限公司"这一全资子公司,该公司对科学博物馆集团名下所有博物馆的经营活动进行统筹。

如今英国科学博物馆集团成员共包括以下组织:① 位于伦敦的英国科学博物馆;② 位于曼彻斯特的科学与工业博物馆;③ 位于约克和希尔登的两座国家铁路博物馆;④ 位于布拉德福德的国家科学与媒体博物馆;⑤ 位于罗顿的国家藏品中心;⑥ 位于伦敦总部的科学博物馆集团有限公司。

3. 英国科学博物馆集团的战略方针　　英国科学博物馆集团致力于展示科学、医学、技术、工业、媒体等方面的历史演变及现代应用实践。其藏品覆盖自18世纪以来的科学、技术、医药等方面的历代变迁。英国科学博物馆集团的藏品很大一部分是在各自科学领域中最重要、最具有代表性的世界级藏品。

英国科学博物馆集团设立的目标是:① 保存、保护、添置藏品;② 确保藏品能充分地对公众展示;③ 确保藏品能有效应用于科学学习与研究;④ 提升公众对于科学技术的理解和兴趣。

为实现以上目标,英国科学博物馆集团制定了7点战略规划:① 提高个人和社会的"科学资产";② 提升观众的数量及超越观众的期望;③ 持续提升自身世界级藏品的数量和质量;④ 提高国际化水平;⑤ 资产转换;⑥ 提升数字化能力;⑦ 提高收入。

英国科学博物馆集团将提高"科学资本""观众体验"和"藏品利用"作为最重要的核心战略,是集团必须要完成的基本责任。同时将"国际化""资产转换""数字化提升"和"提高收入"作为支持战略,是在满足其核心战略之后促进集团进一步发展的要素。

(二) 对英国科学博物馆集团2017～2018年度各项数据的分析

1. 英国科学博物馆集团2017～2018年度财务情况分析

(1) 财务收入分析:根据英国科学博物馆集团2017～2018年财务报告,英国科学博物馆集团2017～2018年度总收入为8750万英镑,其中,来自政府数字、文化、媒体和体育部的财政拨款共计4520万英镑,占总收入的51.7%;来自慈善活动和捐赠的收入为1880万英镑,占总收入的21.5%;来自商业活动的收入为1630万英镑,占总收入的18.6%;来自租赁业务的收入为100万英镑,占总收入的1.1%;其他收入为620万英镑,占总收入的7.1%。通过英国科学博物馆集团的收入构成可以看出,对于其而言财政拨款依旧占领着过半的比例。然而,财政拨款虽然重要,但是英国科学博物馆集团自筹资金也达到了其总收入的48.3%。自筹资金收入中很大一部分来自慈善活动和捐赠所得(21.5%)。在英国,慈善活动涵盖范围十分广泛,包括藏品研究服务、讲解器租赁、藏品外租、收费展览门票及博物馆会员费等都属于慈善活动的范畴,科学博物馆强大的慈善活动能力为集团提供了有力的资金支持,充足的资金用于开展更高标准的博物馆相关服务。

(2) 财务支出分析:根据英国科学博物馆集团2017~2018年财务报告,英国科学博物馆集团2017~2018年度总支出为9 323万英镑,其中,保管及研究藏品的总支出为1 759万英镑,占总支出的18.9%;进行科学教育及交流的支出为3 484万英镑,占总支出的37.4%;开展对游客服务的支出为1 556万英镑,占总支出的16.7%;为筹集资金开展活动的支出为368万英镑,占总支出的3.9%;开展商业活动的支出为1 302万英镑,占总支出的14%;清理不动产的亏损为855万英镑,占总支出的9.2%。其主要财务支出集中于藏品、科学教育、游客服务,以及商业活动中。从其支出情况可以看出,仅凭财政拨款的收入是无法维持集团生存的,甚至无法维持最基本的运营费用,更不用说提供高质量的科学研究、教育等服务了。为了维持自身运转并产生良好的社会效益,科学博物馆集团不得不提高其产业能力。

2. 英国科学博物馆集团2017~2018年度游客数量和参观体验质量分析

(1) 英国科学博物馆集团总体观众情况:2017~2018年度,共有532.6万人次的游客参观了英国科学博物馆集团旗下各博物馆,其中,参观英国科学博物馆游客为317.8万人次,参观科学与工业博物馆游客为68.4万人次,参观约克的国家铁路博物馆游客为76万人次,参观希尔登的国家铁路博物馆游客为19.9万人次,参观国家科学与媒体博物馆游客为50.5万人次。

(2) 英国科学博物馆观众情况:2017~2018年度,对于英国科学博物馆而言非常具有挑战性。特别是在2017年的上半年,受恐怖主义的影响,英国科学博物馆参观人数有非常明显的下降。好在最终全年的参观人数仅比2016年下降1%。目前英国科学博物馆的重点经营策略是增加英国本土游客的数量及增加海外独立成人的数量,经过努力,英国科学博物馆在2017~2018年度本土游客和海外独立成人方面的数据都同比增长了9%。对于科学博物馆而言,其最重要的目标人群历来是家庭游客,该类人群一般占英国科学博物馆总参观人数的45%左右。而在2017~2018年度,同样是受到恐怖主义的影响,家庭游客数量同比下降8%。学生团体也是科学博物馆的传统目标人群,一般占科学博物馆游客总数的14%,2017~2018年度学生团体人数也同比下降了7%。英国科学博物馆满意度调查显示:97%的游客对参观体验表示"满意",表示"非常满意"的游客比例为74%。

(3) 科学和工业博物馆观众情况:在机器人展、曼彻斯特科技节等因素的影响下,科学和工业博物馆的参观人次在2017~2018年度同比增长了6%,学生团体同比增长10%,家庭游客也取得了1%的增长。科学和工业博物馆满意度调查显示:98%的游客对参观体验表示"满意",72%的游客表示"非常满意"。

(4) 国家铁路博物馆观众情况:位于约克的国家铁路博物馆2017~2018年参观人次同比增长8%,这主要是由于2017年底开始的"联盟号"太空舱展览对于吸引游客起到了重要的作用。据统计,在"联盟号"太空舱展的影响下,该馆2018年1月和2月的参观人数要比去年同期多出31 000人,该年度的学生团体人数同比增长了6%。国家铁路博物馆满意度调查显示：99%的游客对参观体验表示"满意"，78%的游客表示"非常满意"。

（5）国家铁路博物馆（希尔登分馆）观众情况：虽然"联盟号"太空舱展在国家铁路博物馆（希尔登分馆）同样吸引了大量的游客，但是，由于2016年"苏格兰飞人"火车展实在是过于轰动导致基数太高，该馆2017~2018年总人数仍然同比下降15%。国家铁路博物馆（希尔登分馆）满意度调查显示：93%的游客对参观体验表示"满意"，68%的游客表示"非常满意"。

（6）国家科学与媒体博物馆观众情况：2017~2018年，英国国家科学与媒体博物馆取得了自2009~2010年以来最多的参观人次，同比增长了25%。2017年该馆"神奇实验室"互动展区开馆和"联盟号"太空舱展等因素共同促成该馆今年参观人次的大幅增长。家庭游客同比增长52%，学生团体同比增长12%。国家科学与媒体博物馆满意度调查：97%的游客对参观体验表示满意，72%的游客表示非常满意。

通过对英国科学博物馆集团各博物馆参观人次的数据进行分析，可以看出以下两点。

（1）英国科学博物馆最主要观众群体是家庭观众和学生团体观众：英国科学博物馆集团对于旗下所有博物馆的家庭游客人次和学生团体人次都做了专门统计，每年对于这两类人群的同比增减也显得尤其敏感，对于英国科学博物馆而言，能否吸引家庭游客和学生团体游客是其能否生存和发展的关键。

2017~2018年英国科学博物馆集团共接待了60.1万人次的学生团体，其中，英国科学博物馆接待学生团42.9万人次，科学与工业博物馆接待学生团8万人次，国家铁路博物馆接待学生团4.1万人次、国家铁路博物馆（希尔登分馆）接待学生团1.3万人次、国家科学与媒体博物馆接待学生团3.8万人次，通过学生团体的参与，科学博物馆也取得了明显的财政收入。由于其学生团体人数基数过大难以进一步扩展，因而科学博物馆集团对于学生团主要以进行市场维护为主。

（2）高质量的新型展区、临展和活动是提高观众人次的重要途径：优秀的临展、活动能吸引大量的人气，提高游客的数量。例如，科学与工业博物馆、国家科学与媒体博物馆就主要依靠高质量的活动和临展实现了同比人次的高速增长。

但是，临展和特别活动也是一把双刃剑，当某一项临展或者活动过于成功达到轰动效应之后，在该活动结束后，展馆会进入一段时间的低谷期，在这段时间内即使有同样高质量的展览，只要没有达到相同的轰动效果，就无力带动人数的复苏。国家铁路博物馆（希尔登分馆）2017~2018年的情况就是典型，其2016年"苏格兰飞人"火车展太受欢迎，当该临展撤展后，场馆在很长一段时间内很难再次吸引同等数量的游客。

（三）英国科学博物馆集团产业能力分析

1. 科学博物馆集团高水准的科学教育项目　　英国的领导阶层认为"科学、技术、工程、数学"是英国维持其在世界上领先地位的关键因素。而英国科学博物馆集团所拥有的科学资源的深度和广度、其所服务对象的多样性、专业团队的专业性等使集团能够提供世界级别的"科学、技术、工程、数学"教学服务，这种教学手段对于提高英国学生的科学素质方面起到了不可或缺的作用。对于不同情况的学生，英国科学博物馆集团制定了各种不同的科学教育项目。

（1）"经营科学"教育项目：研究证明当年轻人拥有更多的科学资产（科学相关的素

质、兴趣、社会交往)时,其在 16 岁之后更有可能为充实自我而学习科学。这种具有科学资产的年轻人是英国未来科学潜力的保证。然而,另一项调查显示,在英国,仍有 27% 的 11~17 岁学生"科学资产"低下,特别是弱势群体背景的学生。"经营科学"项目由英国科学博物馆集团、伦敦大学学院联合进行,由英国石油公司提供赞助,这个项目充分利用"科学资产"的概念来解释不同背景的年轻人如何才能有效地参与到科学活动中,以及英国科学博物馆如何才能支持不同类型的年轻人参与科学事业。英国科学博物馆集团以此为目标提供了各种非正式的教学实践,结合以体验为主的科学博物馆模式力求开发新的学习工具和方法来辅助学校的科学课程。英国科学博物馆参与该项目的教学人员都接受了有关科学资本方面的培训。所有馆内员工都积极参与到科学资本的活动中来。

(2)"建立桥梁"教育项目:2018 年初,英国科学博物馆集团完成了"建立桥梁"这一五年项目。这个项目的目的在于鼓励年轻人去探索和评估他们生活中的科学。项目活动包括参观相关学校、博物馆,在特定时间参加英国科学博物馆内的家庭日活动等。超过 33 个学校的约 2 500 名学生参与了该项目的主要课程,另有 18 000 名学生和 1 800 名成人部分参与了这个项目。"建立桥梁"项目组人员还通过对那些从来不去或者极少去博物馆的人群进行分析研究,了解这些人的家庭情况、兴趣和需求。该项目的模型和研究成果已被广泛运用于对于科学博物馆观众研究。

(3)"工程年"教育活动:2018 年是科学博物馆的"工程年"。这个活动让数以千计的 7~16 岁的年轻人获得成为工程师的经历,鼓励年轻人挑战传统观念。这个活动中有一个为期两周的"未来工程师"项目,展现了工程学的过去、现在和未来,帮助观众积累对于工程学的知识,挑战观众对于工程学的传统观念,培养年轻人的科学自信。这个项目吸引了 43 000 人参与其中,取得了良好的社会效益。

(4)发展世界领先的数字化学习资源:为发展在线学习,英国科学博物馆集团在 2017 年启动了"学习资源"计划。2018 年英国科学博物馆的这项战略稳步推进,为教师和教育学家推出了新的学习网站,通过这个网站,用户可以在线对博物馆进行参观。帮助用户在线利用英国科学博物馆内藏品、现代科学服务等。2017~2018 年度,英国科学博物馆集团接待了 72 500 万人次的收费教学和研讨活动,以及 46 000 万人次的收费学生团体活动。英国科学博物馆集团开发一系列新的活动,包括英国科学博物馆的放学后编码俱乐部、科学和工业博物馆的过夜会等并从中取得了一定的收入。

2. 英国科学博物馆集团的各种展览产业

(1)收费展览:英国科学博物馆集团每年至少会在英国科学博物馆和科学与工业博物馆两个博物馆各开设一场高质量的收费展览。收费展览能显著提高观众人数并产出经济效益。2017~2018 年度,英国科学博物馆和科学与工业博物馆同时推出了"机器人"展这一收费展览,该展览回顾了人类追求创造机械人类的 500 年历史。"机器人"展从 2017 年 2 月一直展出到 9 月,共吸引了 187 000 人次的参观者,远超预定目标。

(2)免费展览:英国科学博物馆每年会推出至少 2 个免费展览,一般都会包括一个现代科学展。2017~2018 年英国科学博物馆推出了"照亮印度"展,这个展览活动被用来庆祝印度对于科学、技术和数学的贡献。到 2018 年 3 月底为止已有 130 000 人次的游客参观这个免费展览。该展览的参观人数超越了既定目标,同时展览本身受到了《时代周刊》

的称赞。另一个现代科学免费展览是"超级病菌：为我们的生命而战"。

（3）广受欢迎的"神奇实验室"交互展区：2016年10月，"神奇实验室"展区在英国科学博物馆开幕，这是英国科学博物馆最具有互动性的展区，同时也是英国科学博物馆总体规划的一个重要组成部分。英国科学博物馆集团向其主要财政拨款单位——数字、文化、媒体和体育部进行了大量借款，对"神奇实验室"项目的开发进行投资。英国科学博物馆收取适度的入场费来运行该展区，第一年"神奇实验室"展区的入场费收入达到120万英镑。"神奇实验室"的创意随后在整个英国科学博物馆集团扩展，2017年，投资180万英镑的国家科学和媒体博物馆的"神奇实验室"开始运行，在其运行的第一年，82%游览国家科学和媒体博物馆的观众都参观了此展区，更有46%的观众认为"神奇实验室"展区是其参观过程中最喜欢的展区。约有23 000人次学生团体参观了这个展区，从学生团老师的反馈来看，"神奇实验室"特别适用于激发学生对于科学技术的热情。英国科学博物馆集团也会将这个创意进一步发展下去。

（4）馆外展览服务：以英国科学博物馆为主体的外展团队每年在整个英国范围内提供超过200次的馆外展览服务，范围包括学校、社区和各种节日活动现场。总共约有185 000人次的观众参与到这些馆外展览活动中。这些馆外展览活动不仅扩大了英国科学博物馆的影响，取得了良好的社会效益，同时也为英国科学博物馆集团取得了2.1万英镑的收入。

3. 英国科学博物馆集团的在线体验产业

（1）官方网站上的数字化产业：2017～2018年度英国科学博物馆集团数字化战略的第一步已经接近完成。数字化的第一步是提升观众在馆内及线上的数字化体验，在组织内嵌入数字化基因，建立数字化能力，以数字化提升藏品的利用性。2017～2018年度，英国科学博物馆集团相关网站共有1 158万人次的线上游客，其中，英国科学博物馆的线上游客712万人次，科学与工业博物馆的线上游客84万人次，国家铁路博物馆线上游客188万人次，国家科学与媒体博物馆线上游客66万人次，英国科学博物馆集团线上游客108万人次。

（2）官方网站外的数字化内容：英国科学博物馆集团认识到仅凭官方网站的内容远远不够，还需要在观众活跃的地方生产数字内容。集团与英国广播公司的"明日世界"栏目进行合作，用于推送集团的科学内容。2017年6月，科学博物馆集团制作了一部影片《英国最伟大的发明》在英国广播公司的平台上放映，该片展现了英国最有代表意义的7位名人及其伟大的发明。超过700万观众观看了这一节目。2017年8月，英国科学博物馆集团在英国科学博物馆馆内开展了"明日世界"现场活动，超过5万观众在线观看了这一活动，另有15万观众点播了这一活动的视频。2017年10月的另外一场关于机器人的明日世界现场活动重现了上一次的成功，共有15万观众在线观看了活动。

三、案例：大英博物馆

（一）大英博物馆概况

大英博物馆（The British Museum）是世界上第一座真正意义上的公共博物馆，英国收藏家汉斯·斯隆爵士于1753年将其7万余件私人藏品悉数交给了国家，以这些藏品为基础，大英博物馆于 1759 年 1 月 15 日正式对外开放。现在的大英博物馆是一个非官方的公众组织，是世界上历史最悠久、规模最宏伟、收藏文物最多的综合性博物馆。它与巴黎卢浮宫、纽约大都会艺术博物馆共称世界三大博物馆。大英博物馆藏品之丰富、种类之繁复为全世界博物馆所罕见，整个博物馆气魄雄伟，蔚为壮观，恢宏的外在建筑下，内部是充分利用现代的设施设备的现代博物馆。其展品包罗远古时期物品至当代物品。

每年大约有 600 万游客参观大英博物馆，其中海外游客达到约 400 万人，约 3 000 万游客通过网络参观其虚拟博物馆，其会员人数在 2017 年达到 40 000 人左右。作为常设展区免费的场馆，大英博物馆每年临展的门票收入达到约 300 万英镑。大英博物馆的商业表现也十分可观，每年其餐饮业、零售业、出版业、展品出租等业务年收入可达 1 480 万英镑、每年收到各种捐助和赞助可达 2 710 万英镑。

（二）大英博物馆社会关系

大英博物馆的社会关系十分广泛，与众多不同的群体都有交集。其中比较重要的社会关系有英国数字、文化、媒体和体育部，英国财政部，地方委员会，英格兰文物局，各个大学和博物馆等组织，以及国内游客、国际游客、赞助者、捐赠者等各种人群。

大英博物馆在 1973 年成立了负责出版、零售、文化旅游和产品开发的大英博物馆公司（the British Museum Company），1994 年成立了负责接受捐助的大英博物馆发展信托基金（the British Museum Development Trust），2002 年成立了负责新建成的"大庭院"（Great Court）运作的大英博物馆大庭院有限公司（the British Museum Great Court Ltd.），以上结构完全受"大英博物馆理事会"——大英博物馆的法人团体管辖。

大英博物馆的各项活动受两大友好组织的大力协助，其一为"大英博物馆之友"（British Museum Friends，BMF），该组织既是一个慈善组织，同时也是一个公司，该组织通过办理订阅会员及各项会员活动筹集资金，筹集到的资金在保证组织自身运转的前提下，多余部分全部补贴到大英博物馆的开支。大英博物馆的理事会同时也是"大英博物馆之友"的理事会，该组织同样完全受大英博物馆的管辖。另一个组织"大英博物馆美国之友"（American Friends of the British Museum，AFBM）致力于为大英博物馆在美国筹集资金，该组织是独立于大英博物馆，不受大英博物馆的管辖。

（三）大英博物馆部分产业情况

1. 财政模式　　大英博物馆有多渠道的资金来源，包括来自英国数字、文化、媒体和体育部的财政拨款，以及通过商业、募捐赞助和各种收费活动所取得的资金。其中，财政拨款仍然是该馆最主要的收入来源，其他的收入来源主要包括收费的临展、顾问服务、商业、出版业、服务业以及培训服务。除此以外，还有来自各界的赞助与捐助。

（1）财政拨款：大英博物馆 2017 年得到各类财政拨款共计约 5 356 万英镑（2016 年为 4 176 万英镑），占到其总收入的一半左右。

（2）各类慈善活动：大英博物馆 2017 年通过各类慈善活动取得收入 2 066 万英镑。大英博物馆慈善活动范围广泛，主要包含三个类目：第一类是藏品的研究、保护方面的收入，包括收到的藏品专项研究经费或是用于添购藏品的专项拨款，2017 年大英博物馆该类收入为 227 万英镑。第二类是公众事务上的收入，包括导览销售收入，讲座以及展品租赁的收入，2017年大英博物馆该类收入149万英镑。第三类是慈善商业活动收入，包括门票、会员费等，2017年大英博物馆该类收入1 690万英镑。

（3）投资收入：大英博物馆有限公司下辖有大英博物馆投资有限公司，该子公司为大英博物馆提供专业的金融投资服务，2017年大英博物馆通过该子公司筹集到了106万英镑的资金。

2. 人力资源　　2017年，大英博物馆大约有1 000名左右的雇员，许多雇员都是行业中的佼佼者，此外，大英博物馆还拥有大约600名左右的志愿者。

3. 研究与顾问　　研究与顾问是大英博物馆重要的产业之一，研究与顾问工作所得到的赞助经费也是其重要资金来源之一。大英博物馆的研究项目得到了各个团体的大力支持。例如，2016年开始进行的五年期项目"东北欧制陶术的创新、传播和使用"不仅仅得到了德国、俄罗斯、波兰等国相关博物馆和大学的鼎力支持，同时也得到了来自欧洲研究委员会的310万欧元的拨款。

4. 临展门票　　大英博物馆临时展览的根基在于其藏品研究，其首先是对自己馆藏的一个领域的藏品进行深入研究，再将研究成果以各种展览形式进行展出。2016年4月至2017年3月，大英博物馆成功举办了多项临展，如"英国石油公司展""南非艺术展""美国梦"等各具特色的展览。这些临展各自吸引了20万~40万不等的游客。

大英博物馆常设展馆不收费，而临展需要购买门票，其临展的质量及人气程度成为决定其每年门票收入的决定性因素，这就迫使博物馆的研究成员和布展人员必须要研究出高质量的临展才能实现效益，其结果也较为理想，2016~2017年度，大英博物馆实现临展门票收入约300万英镑。

5. 特别活动　　大英博物馆每年都会举办各种活动，这些活动吸引大量的观众。每周五的夜场是国际游客和科普爱好者的狂欢。各种的访谈、电影、研讨会和表演也深受游客的喜爱。超过6 000人参加了"壮丽的西西里""欧西里斯的节日""南非祖鲁音乐"等特别活动。在纪念莎士比亚去世400周年之际，演员和诗人在大英博物馆大厅以现代方式不间断地进行莎翁作品的朗诵。2016年9月大英博物馆推出了神话重现活动，活动一经推出就一票难求。

6. 教育活动　　2016~2017年，大英博物馆的学生团队定制活动吸引了27万的学生团体。有些学校连续十年组织学生参观大英博物馆。在西西里岛和古埃及展上，老师可以下载免费的参观指导包，指导包含活动、图片历史、地理、科学等不同主题的现场学习。大英博物馆有专门接待学生参观的部门和人员，这些工作人员会结合不同年龄段学生的特点进行讲解。大英博物馆对于成人也开展了各种各样课程，从中世纪钱币与勋章，到与阿伯丁大学合作的通过观察历史人工制品来唤醒集体记忆和民族认同等。

7. 媒体　　大英博物馆的网站，有针对专家、普通观众、7~11岁儿童、11~14岁学生等不同人群的网页，结合不同人群的特点提供不同的内容，提供差异化的服务。2016年，大英博物馆在YouTube视频网站上播放了54段视频，其中一段馆长在萨顿胡古迹的现场导览视频短片获得了87万的观看量。

8. 外界电影在大英博物馆的拍摄　　2016~2017年英国广播公司的《黑帮无国界》、好莱坞巨制《神奇女侠》等电影在大英博物馆取过景。大英博物馆更是充分利用了自己名声和建筑特色,在获取场地租赁费用的同时也通过电影免费做了广告。

9. 讲解器租赁　　2017年,大英博物馆的语音讲解器租借服务的销售情况相比2016年增长了43%,其语音讲解器可提供包括中文在内的多种语言的讲解。对于家庭用户,还有一种专门的家庭语言导览器。大英博物馆的语音讲解服务内容浩瀚、水准极高,基本可以替代人工讲解。

(四) 对大英博物馆产业情况的分析

1. 财政模式分析　　通过大英博物馆2016~2017年的财务报表可以看出,虽然英国各级政府对大英博物馆的财政拨款达到5356万英镑,但是在大英博物馆的财务支出中,仅仅"藏品的研究、保护"一项支出就达到5400万英镑,超过了财政拨款的总额。也就是说,如果仅仅依靠财政拨款,根本无法支持大英博物馆除了最为基本的日常运转以外的一切需求,各类特别活动、讲座、对外交流、临展等全部会由于缺乏资金而无法进行。可以看出,在英国,即便是大英博物馆这样拥有巨大体量和名声的大型博物馆也必须自力更生,努力发展其自身的文化创意产业,以改善财务状况,从而开展各类文化创意活动。

2. 产业规模分析　　大英博物馆产业体量巨大,在各个方面的产业也是面面俱到,但不是所有的博物馆都适用于这种产业模式。大英博物馆这样的产业运转,背后有财政、协作单位、专家学者、其自己专业的子公司与专业的员工等各种资源的支持,其他小体量的科普场馆大多无法支撑这么长的产业链。

3. 风险分析　　通过查看大英博物馆的收入来源可以看到,2016~2017年该馆有106万元的收入是通过金融投资而来的,金融业是英国的第一大产业,其金融市场比较成熟,大英博物馆的投资有限公司也有专业的金融业人才,通过金融投资筹集资金确实能取得较为稳定的收益。但即使如此,在大英博物馆每年的财务报表上,会有大量的篇幅提醒谨防金融投资的风险。国内的科普场馆更应对金融投资筹集资金慎之又慎。

四、案例:英国自然历史博物馆

(一) 英国自然历史博物馆概况

英国自然历史博物馆(Natural History Museum)位于伦敦西南部南肯辛顿区,总建筑面积为4万多平方米。馆内藏有世界各地约7000万件标本,其中有昆虫标本2800万只、古生物化石标本700多万号,图书馆有书刊50万种,同时馆内还保存着大量早期自然科学研究手稿和图画等珍贵藏品。

2001年12月起,英国自然历史博物馆开始实行免费参观模式,自免费开放以来,该馆已经接待了2500万名参观者,每年观众和参加各种活动的人数已达380万以上。

(二) 英国自然历史博物馆社会关系

英国自然历史博物馆的社会关系广泛,与众多群体都有交集。其中比较重要的社会关系有英国数字、文化、媒体和体育部,英国财政部,各个大学和其他博物馆等组织,以及国内游客、国际游客、赞助者、捐赠者等各种人群。

英国自然历史博物馆拥有三家下属单位,其中最为重要是英国自然历史博物馆的全资子公司——自然历史博物馆贸易公司(The Natural History Trading Company),该公司主要运营英国自然历史博物馆的各种商业活动,包括巡展、品牌管理及授权、餐饮、零售、顾问服务等。

另外两家下属单位分别是自然历史博物馆特别信托基金（The Natural History Museum Special Funds Trust）以及自然历史博物馆慈善基金（The Natural History Benevolent Fund）。两者在不同领域对英国自然历史博物馆的资产进行管理。以上单位完全受英国自然历史博物馆理事会——英国自然历史博物馆的法人团体管辖。

（三）英国自然历史博物馆部分产业情况

1. 收入情况　　英国自然历史博物馆有多渠道的资金来源，主要包括来自英国数字、文化、媒体和体育部的财政拨款在内的各种拨款、捐赠，以及通过各种慈善活动、商业活动所取得的资金。2017~2018年英国自然历史博物馆总收入为8 547万英镑。

（1）财政及捐赠收入：财政及捐赠收入是英国自然历史博物馆最主要的收入来源。2017~2018年英国自然历史博物馆得到的财政及捐赠收入为5 077万元，占其总收入的59.4%。其中，财政拨款约4 182万英镑，收到各类捐赠895万英镑。

（2）各类慈善活动：英国自然历史博物馆2017~2018年通过慈善活动取得收入1 385万英镑，占其总收入的16.2%。

英国自然历史博物馆慈善活动主要包含两个类目：第一类是慈善商业活动收入，包括临展门票、会员费等，2017~2018年此类收入为460万英镑。第二类是科研补助金，包括对馆藏藏品的研究、保护方面取得的收入，2017~2018年此类收入为925万英镑。

（3）各类商业活动：英国自然历史博物馆2017~2018年通过各类商业活动取得收入2 074万英镑，占其总收入的24.3%。

（4）投资收入：2017~2018年英国自然历史博物馆通过金融投资筹集到11万英镑的资金，占其总收入的0.1%。

2. 支出情况　　英国自然历史博物馆的支出主要包括筹集资金支出、慈善活动支出以及其他支出。2017~2018年英国自然历史博物馆总支出为9 477万英镑。

（1）筹集资金支出：2017~2018年，英国自然历史博物馆共支出1 674万英镑用于资金的筹集，包括开展各种商业活动等。用于筹集资金的费用占2017~2018年总支出的17.7%。

（2）慈善活动支出：主要包括"公众参与"支出与"策展、科研"支出。其中，"公众参与"主要涉及开展专家与公众之间交流互动的活动；"策展、科研"主要涉及临展、巡展的开发，常规展的更新改造，以及对馆藏藏品的保持、研究等科研工作。

此类支出是英国自然历史博物最大的支出，2017~2018年"公众参与"支出为3 634万英镑，"策展、科研"支出为4 167万英镑，共计7 801万英镑，占2017~2018年总支出的82.3%。

（3）其他支出：主要是用于固定资产处置的支出。2017~2018年英国自然历史博物馆在这一方面的支出为2万英镑

（四）对英国自然历史博物馆产业情况的分析

1. 财政模式分析　　通过英国自然历史博物馆2017~2018年的财务报表可以看出，虽然英国政府对该馆的财政拨款达到4 185万英镑，但是在该馆的财务支出中，仅"策展、科研"一项就达到4 167万英镑，基本上覆盖了财政拨款的总额。可见，财政拨款仅能支持该馆某一单一功能的运行，甚至无法支持该馆对外开放运营的基本费用。英国自然历

史博物馆如需改善财务状况,为公众提供讲座、交流、巡展等额外的文化创意活动,就不得不自力更生,努力发展其自身的文化创意产业。

2. 全资子公司模式分析　　英国自然历史博物馆2017~2018年通过各类商业活动取得的收入占其全年总收入的24.3%。这在很大程度上得益于其全资子公司——自然历史博物馆贸易公司专业化的商业运营。其实,不仅仅是英国自然历史博物馆,纵观英国科普文化产业发达的场馆如大英博物馆等,都拥有专业从事商业活动的全资子公司。在配置有商业运营类子公司的情况下,场馆就可以集中资源于公众服务、策展、教育、科研等场馆擅长的社会公益工作。全资子公司则专业化进行巡展、品牌管理及授权、餐饮、零售、顾问服务等各种商业活动的运营。这种全资子公司模式避免了场馆自行进行商业活动既不专业又处处受掣肘的被动局面,有利于科普文化产业的专业化发展。

第二节　日本科普场馆产业发展案例
——日本国立科学博物馆

一、日本国立科学博物馆基本情况

东京的日本国立科学博物馆是日本最大的自然科学博物馆,主馆位于东京上野公园,原属1872年在东京汤岛圣堂创立的文部省博物馆,1877年移至上野公园,改称教育博物馆,1949年改用现名。

日本国立科学博物馆上野馆中央展厅共有6层,地上3层,地下3层。该馆现有5个陈列楼。1号楼和4号楼设生物的进化、哺乳类的进化、日本的动植物、矿物地质和人类等专题展出。其他3个陈列楼介绍科学技术发展史,展品有从古至今的各种计量工具和劳动工具。

至2017年底,全职职员共126人(比2016年增加2人,增1.6%),平均年龄45.7岁(与上年平),国家委派9人,2017年退休2人。

二、2017年度主要业绩

(一)构建对人类社会有用的自然历史、科技历史体系

通过探求地球生命史、科学技术史,以自然历史、科技发展历史相关的标本资料为基础,持续开展基础实证研究。"利用博物馆、植物园馆藏资料揭示濒临物种""日本列岛南部生物体系研究""基于化学层序与年代测定的地球、生命史的解释""从黑潮的视角发现地球史、生命史、人类史""我国科技史资料保存体系的构建——历史与现状""日本生物多样性构造研究"等六个主题的综合研究为2017年度的主要推进项目,其他非经常性项目(含外部合作项目)也在推进中。这些研究成果除通过论文、研究会议发表等以外,还通过展示、教育活动、网络等形式向全体国民传播。受益于培养研究生的制度,年轻的学者也在成长。

(二)构建国际标本收藏体系

日本国立科学博物馆除通过自身的调查研究项目收集标本以外,还通过捐献、交换等途径获得,2017年度新收录7.5万件标本。截至2017年12月,已登记的标本收藏量已达

460万件。

自然史的标本主要收纳、保管于自然史标本楼和植物研究部大楼;理工、产业技术的馆藏、资料保管于第一、第二大楼。这些馆藏品作为人类共同的财产除了用于展览、研究以外,也为了便于后代的继承,受到精心养护。

这些标本、资料的相关信息通过互联网向全世界公开,通过标本资料数字化充实,2017年完成9万9千余件标本、资料的数据上传登记。至2017年底,上传的标本、资料已超过200万件。日本国立科学博物馆正与国内其他博物馆合作,规划建设自然史、产业技术史相关的标本、资料检索系统。在自然史标本、资料方面,日本国立科学博物馆作为全球生物多样性信息网络(GBIF)日本中心,向全世界分享馆内的标本、资料信息。

日本国立科学博物馆还在努力调查、收集分散在企业、其他博物馆的产业技术资料信息,筛选出重要的资料作为科学技术史资料优先登记,并尽快完成数字化工作。

为防止各大学、博物馆拥有的珍贵标本、资料的散失,日本国立科学博物馆联合全国博物馆开发、运行了具有监控功能的网站。

(三)服务社会,提升公民科学素养

日本国立科学博物馆将科学博物馆的资源与社会资源有机结合,通过展示、教育活动,提高全民科学素养;充分利用调查、研究的成果、藏品等科学博物馆所拥有的人、知、物资源与社会各界开展科普合作。

在展示方面,为了向参观者提供一个良好的体验环境,日本国立科学博物馆对地球馆、日本馆、360影院等进行了修缮。2017年先后举办了"深海2017——最深研究,走近'生命'与'地球'""古代安第斯文明展"等特别展览,以及"从卵开始的结构构建,演化生物学的诱惑""深处有惊喜""相模之海"等最新的生物研究成果展。展览期间,日本国立科学博物馆、相关机构的研究人员通过报告会、现场演讲等形式与参观者互动,激发观众对相关内容的理解和关注。通过努力,2017年日本国立科学博物馆的观众人数超过了288万。

在教育活动方面,日本国立科学博物馆不仅面向青少年,还针对其他各年龄层的受益者,开放了实验室,举办了自然观察会、讲座、报告会,通过比赛与研究者对话等,把支持学习作为科学博物馆专业的独立事业;同时设立"教师博物馆日"、建立"大学合作伙伴"关系等实现馆校联动。日本国立科学博物馆还充分利用场馆资源,举办各类专业讲座,为培养科学诠释者做出贡献。

作为与社会各界的连接桥梁,日本国立科学博物馆联合地方博物馆开展"巡回博物馆"活动,与企业、地方开展各种科普活动。

日本国立科学博物馆通过馆创办的自然与科学信息杂志 Milsil、在官网"热点新闻"栏目简单易懂地解释最新的热点科学话题,积极主动诠释人们感兴趣的科学问题。

三、2017年度主要事业状况说明

(一)财务收入*

日本国立科学博物馆的经常性收入为3 579百万日元,其中运营费用财政拨款2 208

---

* 财务收入:百分比还原后产生的金额差,为上年度遗留欠款及拨款未到位的金额。

万日元(占收入的62%),门票收入778百万日元(占收入的22%)。按照分级细分如下：

(1) 展示运营费用财政拨款538万日元(占收入的15%),门票收入299百万日元(占收入的8%),委托收入10百万日元(占收入0.3%)

(2) 教育活动费用财政拨款173万日元(占收入的5%),门票收入70百万日元(占收入2%)

(3) 调查研究费用财政拨款944万日元(占收入的26%),门票收入157百万日元(占收入的4%),委托收入13百万日元(占收入0.4%)

(4) 收藏费用财政拨款202万日元(占收入的6%),门票收入109百万日元(占收入的4%),委托收入4百万日元(占收入0.1%)

运营财政拨款主要用于资产购入。

(二) 自主收入明细

门票收入是维持日本国立科学博物馆运营不可缺少的一部分,2017年度收入为778百万日元。餐厅、商店的租金有97百万日元的收入。国家另外补助的研究设施共同维护费27百万日元、接受委托收入28百万日元、捐献49百万日元、科学研究补助间接经费25百万日元等合计有129百万日元的收入。"大学合作伙伴"加盟会费收入30百万日元,特展商店租金42百万日元,自动售货机场地租金23百万日元,"科学博物馆之友"会费收入21百万日元,报刊等发行物销售收入15百万日元,场地临时租赁收入等10百万日元,合计164百万日元的事业收入。

(三) 财务与事业实绩说明

(1) 以解释地球与生命史、科学技术史为目的的调查研究：财政拨款894百万日元,自主收入主要为委托研究、捐献费用。使用人力资源费623百万日元,业务经费496百万日元。

(2) 国际标本收藏体系的构建,标本、资料的收集、保管：财政拨款309百万日元,自主收入主要为委托研究、捐献费用。使用人力资源费34百万日元,业务经费511百万日元。

(3) 将日本国立科学博物馆的资源与社会资源有机结合,通过展示、教育活动,提高全民科学素养财政拨款1 071百万日元,自主收入主要为门票。使用人力资源费228百万日元,业务经费1 005百万日元。

第五章 科普场馆产业发展的国内案例

第一节 公益类科普场馆产业发展典型案例
——上海科技馆产业发展模式

上海科技馆作为上海的综合性、公益类大型科普场馆,近年来在培育发展科普产业、提升产业发展能力方面进行了不懈探索,2017年上海科技馆(含上海自然博物馆)商店销售收入2 653.89万元,人均在商店购买文创衍生品消费5.82元。其中,引进品牌店(贝林、石尚博、科普书店)收入1 724.78万元,管理公司商店收入929.11万元。总体上看,上海科技馆在培育和发展科普产业方面探索和积累了一些成功的做法及经验。

一、加强原创,探索多种开发模式

加强科普文创产品的原创型研发设计和创意型二次开发。有针对性地提取并筛选三馆展品、藏品的科普价值和文化内涵,围绕三馆的核心展示理念与场馆自身建筑特色,提出相关文创产品的创意设计理念,对科普文创产品进行可识别的整体创意、设计与包装,形成具有上海科技馆科普教育理念的品牌文化内涵,探索并初步形成了多种文创产品的开发模式。

(一)科技馆自主开发

通过馆内研究设计院、科学传播与发展研究中心、影视中心、自然史研究中心、展教服务处、展示教育处、天文管理处等设计力量,自主开发凸显三馆特色的巡展、教具、书籍等文创产品。例如,研发有上海科技馆特色的创意巡展、科普影视作品等作为提高科技馆核心优势的经常性工作来开展。

(二)授权下属全资管理公司开发

上海科技馆通过与下属全资公司签订年度经营目标,授权公司开发文创产品,收取约定的授权费用。例如,授权公司以商业模式进行巡展推广,目前已成功推出"华夏虎啸""蛇行天下""极地探索""科学奇异果""猿猴物语"等多个展览进入多个科普场馆和商业中心;授权公司以上海科技馆与上海电视台纪实频道联合摄制的《中国珍稀物种》系列科普片为内容,开发并销售相关影视创作的衍生产品等。

(三)授权其他企业或中介机构开发

上海科技馆将相关文创产品的知识产权,通过授权大会、邀请合作等方式,授权给企业或中介机构进行开发。例如,上海科技馆邀请并授权合作经营单位开发并销售具有上海自然博物馆品牌标识(含 LOGO、字样、造型、图案等及其变形)的商品,上海科技馆收取品牌授权费。

（四）获第三方授权后开发

上海科技馆或下属全资公司通过签订合作协议等方式,获得第三方 IP 的产品开发授权。例如,上海科技馆引入英国伦敦自然历史博物馆"灭绝：并非世界末日"(以下简称"灭绝展")的过程中,伦敦自然历史博物馆授权上海科技馆下属全资公司,使用"渡渡鸟"等形象开发相关文创产品,并在"灭绝展"纪念品商店中出售。

（五）与企业联合开发

上海科技馆利用自身设计力量,如研究设计院、自然史研究中心等创意形成产品的设计方案,或者通过文创产品设计大赛等比赛产生的产品创意,寻找合作企业进行市场调研并进入生产环节,通过馆下属全资公司、经营单位在上海科技馆、上海自然博物馆内销售。

二、以公司为主体,创新科普产业运营模式

（一）通过 IP 授权,进行文创产品市场化推广

利用上海科技馆的品牌优势和"三馆合一"(上海科技馆、上海自然博物馆、上海天文馆)的机遇,推动与市场上有影响力的影视公司合作,在原来出品的科普影视作品的基础上,开发一批贴近现实生活并带有较强娱乐色彩的作品；对市场前景较好的项目,通过上海科技馆参与联合制作和联合出品科幻类电影或电视栏目,不断增强策划和制作能力；对自主开发的科普影视版权,加强版权经营,和主要视频网站和主流电视台合作,进行市场开发和推广,从而打造领先的科普文化传播品牌。

（二）精选供应商库,打造文创战略合作伙伴

上海科技馆下属全资公司将高效利用"三馆"这一无可比拟的市场平台资源优势,以"共创市场,互赢发展"为经营理念,积极探索与三馆外的科普行业内优势企业在文创产品设计、生产、销售、服务等关键环节的合作,建立 100 家以上精选的供应商库,联手打造研发、生产方面的战略合作伙伴,在科普文化创意产品的品牌化设计、项目化运作和社会化推动等方面,形成强强联手、优势互补的市场经营模式。

（三）借助馆品牌优势,形成场馆咨询服务团队

借助上海科技馆的品牌优势,通过馆下属全资公司运作,组建以上海科技馆内各领域专家参与的场馆咨询服务专家顾问团队,探索将上海科技馆的科普品牌、智力优势、管理模式等潜在优质智慧资源转变为生产力的运作方式,积极开拓科普场馆咨询服务业市场,打造行业内有影响力、可复制的科技场馆咨询策划服务模式。

（四）强化研发,扩大展品研制中心制作规模

以管理公司下属展品研制中心为主题,加强上海科技馆下属全资公司的展品研制中心人才队伍建设,通过内部控制与管理,建立标准化的生产制造流程,重视展品原创性,提高产品特别是在当前"互联网＋"的形势下在各类科普场馆的实用性与适用性。继续抓住国内流动科技馆、科普大篷车的发展机遇,扩大机械类展品的市场占有率,并适时加大投入,进行产品的升级换代,利用新技术,开发多媒体展示及机电一体化产品。

三、搭建平台,做强做大科普文化产业链

(一)加强研发具有科技馆特色的创意巡展

在上海科技馆的统一安排下,馆内研究设计院和管理公司加强配合和协调,把设计研发有科技馆特色的创意巡展作品作为一项提高科技馆核心优势的经常性工作来开展,并结合馆内外的各种交流活动,积极在国内外科技场馆进行市场推广。同时,利用科技馆众多展教专家的智力资源,研发科普教育资源包,与巡展作品联动,通过市场化的方式进行运作,打造上海科技馆在巡展及科普教育方面的名片。

(二)发展线上电商与线下实体店全渠道发展的零售模式

以上海自然博物馆网店平台为起点,逐步实现天猫、微店等电商平台的全渠道覆盖,将文创产品包括科普电影、原创展览、教育活动及衍生品分类汇总上线,最终建立线上线下互动的O2O模式,争取线上收入占商品经营与服务收入的20%,实现科普产品与服务跨界融合发展的新业态。

(三)逐步创立科普文化创意产品品牌,形成示范基地

充分运用市场机制,将培育打造2~3个具有国际影响力的品牌活动,尝试推动科普活动的产业化运作;以"三馆合一"为支撑的科普文创产品的主要展示、销售及推广,向上海市内乃至全国其他省(自治区、直辖市)的科普类场馆输出适应于其场馆科普文创产品的设计、生产、销售方式与经营模式。

第二节 企业类科普场馆产业发展典型案例
——河北正定科技馆(国内首家民营科技馆)

一、问题提出与文献回顾

2002年,我国《科普法》首次提出,支持社会力量按照市场机制兴办科普事业。近十余年来,有关科普产业发展问题陆续在国家各种政策文件被重申,尤其是在2016年,习近平总书记在"科技三会"上发表"科技创新、科学普及是实现创新发展的两翼,要把科学普及放在与科技创新同等重要的位置"的讲话之后,有关"如何加快科普产业发展、探索科普产业与科普事业并举发展机制"的研究又在持续升温。

文献检索发现,国内研究科普产业问题一般从厘清科普产业的内涵与属性入手。例如,任福君等认为,所谓科普产业就是以满足科普市场需求为前提,以市场机制为基础,向国家、社会和公众提供科普产品和科普服务的活动,以及与这些活动有关联的活动的集合。也有人认为,在当前语境下,科普产业已经成为一个新业态多发、规模快速增长、业务交叉融合、边界日趋扩大的新兴产业。

无论如何,"大科普"产业时代已经到来,政府、科学家、科学文化精英、传媒、文化商(出版商)和产业界应联合起来,遵循市场规律做大科普产业。现实的问题在于:尽管国家政策法律赋予了科普产业化经营的地位,但是科普本身无法脱离公益属性,以至于其产业定位一直边界模糊,相关税收优惠政策不明确,政策激励作用没有得到真正发挥。此

外,公众科普意识不强、科普资源整合不足等问题也制约了科普产业的发展。总体而言,促进科普产业的发展需要从战略新兴产业培育角度去完善国家科学产业政策体系,通过政府、企业、公民相互合作的 PPP 模式予以解决资金不足等问题。

既有研究一致认为,科普产业的发展无论是对于创新型国家建设,还是对于公民科学素质的提升均具有重要意义。不少研究指出,发展科普产业需要政府、企业、社会和公民的多方协同,但是就如何构建协同机制的问题却尚在讨论之中。行动者网络理论作为科学技术与社会(Science, Technology and Society, STS)领域新兴的社会分析理论,能够基于"问题转译"思维对产业发展的社会动力机制作出独到的解释。鉴于上述思考,以下将以国内首家民营科技馆为研究对象,从其发展得失的分析中谈谈促进国内科普产业发展的几点浅见。

二、行动者网络理论的分析框架

行动者网络理论(Actor Network Theory, ANT)是由法国社会学家 Michel Callon 和 Bruno Latour 提出的一种社会学分析方法。它秉持科学与社会交互演进的观点,将科学技术的发展归因于人为因素和各种文化、技术、政治等复杂的非人因素共同作用的结果。他们将这些因素统一称为"行动者"(actor),即分为"人的行动者"(human)及关键社会性因素的"非人的行动者"(nonhuman)。他们认为,审视一种事物的发展,应该以一种整体网络思维对待人与非人的行动者,原因是一种技术能否成功被社会接纳在于各种人的行动者能否成功结成强有力的网络联盟,并与社会性因素形成有效互动。其中,维系这种互动的重要动力在于行动者之间的"转译链接"(concatenation of translations)的有效性,即核心行动者(发起者)能否通过问题化(problematisation)、构建关键节点(obligatory passage point, OPP)、角色化(interessement)、吸纳(enrollment)和激活(mobilization)、黑箱化管理(black-boxing)等六个环节,定义自身与关键行动者的角色、权益、地位和功能,并不断吸纳新成员,形成一致性的目标行动。在 Callon 和 Latour 看来,问题化、角色化、吸纳和激活是"转译链接"的主要环节。只有连贯处理好这四个环节的工作,所有参与者才可能整合成一个强有力的目标行动网络。其形成机制如图 5.1 所示。

行动者网络理论自提出以来,就以其独特的分析视角而成为 STS 研究领域非常具有生命力的一派。特别是关于一种新的或者并不具备竞争优势的技术为什么会最终被社会

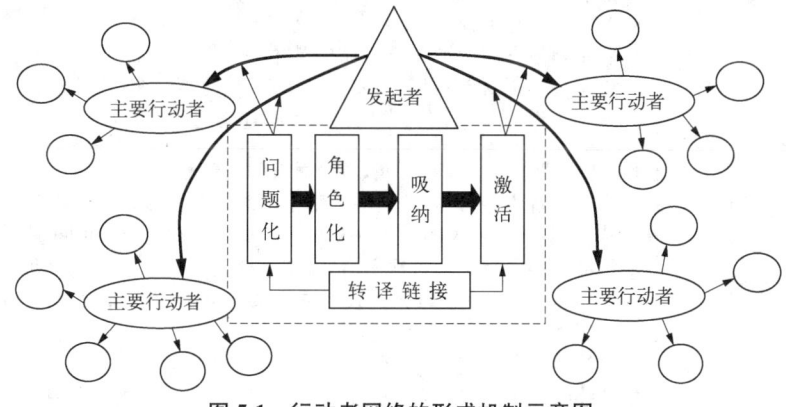

图 5.1 行动者网络的形成机制示意图

接纳的问题,该理论提供了独特的解释。今天,该理论的应用已经不再局限于科学技术领域,而被广泛应用于社会领域相关问题的研究。例如,Youngwood S 和 Dong H S 曾运用该理论对中国金融技术产业的发展进行了分析。Purnomo H 等也曾借用该理论讨论农民群体如何影响政府森林火灾的补偿政策的制定。科普产业的发展同样是一个社会领域的论题,研究这个问题必然需要考量多种人为主体的行动以及其他非人的社会因素,因此,以下将运用行动者网络理论的分析框架,以个案研究法对此问题进行探讨。

三、个案分析:以河北正定科技馆为例

(一)河北正定科技馆的发展简况

河北正定科技馆是由当地企业家秦瑞强于 2000 年 6 月创建的,是全国首家民营科技馆。目前,该馆拥有 11 个展厅、15 个展区,馆藏展品 1 万余件,是集科技、自然博物、民俗博物、天文、气象、地震、人防教育于一体的大型综合科普展馆。该馆先后被评为"河北省科普教育基地""全国科普教育基地""河北省全民科学素质教育基地""河北省野生动植物保护教育基地"等。2003 年以来,秦瑞强先生也先后荣获"河北省科普工作先进个人""全国科普工作先进个人"和"2016 年科普中国十大科学传播人物"等称号。

(二)河北正定科技馆的发展要素

为了分析河北正定科技馆发展的成功要素和不足,笔者首先通过文献检索的方式,搜集了与该馆发展有关的各类正规新闻报道、企业发展报告、秦瑞强先生的电视采访片资料,然后,对材料进行整理归类,最后运用行动者网络理论对其发展得失进行辩证分析与总结,从中得出几点启示。需要说明的是,为了材料整理的系统性,我们借用了美国迈克尔·E·波特教授的钻石模型(Diamond Model)辅助进行归类,该模型认为,一个产业兴衰不外乎六大要素的作用,既包括"主观性因素"如政府政策和消费需求,又包括生产条件、机遇等"客观性因素",这种划分与行动者网络理论将行动者区分为人的行动者(主观因素)和非人的行动者(客观因素)具有一致性。因此,此处以钻石模型的六类要素框架进行梳理,结果见表 5.1。

表 5.1　河北正定科技馆的发展要素

钻石模型	行动者类别	相关引证(摘录)
生产要素	生产技术	★ 秦瑞强形容自己是"科技发烧友",小时候就闲不住,经常捣鼓研制东西 ★ 秦瑞强既是工程师、设计师又是小工 ▲ 展品创新方面做了大量工作。其中,车载天文台、可拆卸天文台、移动天象厅获实用新型专利;八大行星特性示意图获外观设计专利 ● 除了自己设计制作外,秦瑞强出差时还学会了"淘宝"
	运营资金	● 起初计划投入 2 000 万元,可当时自筹资金仅 500 多万元 ▲ 为了节省资金,馆内的展品大都是秦瑞强自己设计并动手制作的 ★ 从"非典"开始,来的人越来越少……最难的时候,他四处向人借钱 ★ 和员工们开着车去各地做活动,省市科技部门给予一些活动费 ● 科技馆每年 100 多万元的收入主要来自门票收入、研发经费、科普巡展收入三个部分,三者各占三分之一 ☆ 科技馆创办 10 余年后还背负 120 万元的工程款 ※ 陆续收到了一些来自社会的捐赠

(续表)

钻石模型	行动者类别	相关引证(摘录)
生产要素	科普人员	★ 不懂地质,请河北省相关地质专家 ★ 建馆开始后,秦瑞强就利用关系找各种专家坐镇指挥,他则边做边学
	科普设施	▲ 该馆成立了科普车队,拥有科普大篷车、车载天文台、车载天象厅,各类科普知识图板达 40 件(套),为开展科普活动奠定了基础 ★ 2000 年建馆到现在,河北正定科技馆已经扩大到 11 个展厅、15 个展区
需求条件	公众需求	● 现在最大的问题是客源不足;河北正定科技馆的主要观众是中小学生 ※ 不少家长每周带孩子去一两次肯德基、麦当劳,却不愿花 15 元钱带孩子去一次科技馆 ☆ 主动参观者寥寥无几,陕西科技馆、上海科技馆都曾报道"门可罗雀"
机遇	政策导向	《科普法》在法律制度上为科普产业的发展提供了制度空间和法制保障 ● 作为科普队伍中的"野生动物",秦瑞强一直等待着国家的科普政策有所改观
政府	支持行动	● 2000 年,隶属于正定县旅游局的"电影探秘宫"经营不善,濒临倒闭 ★ 政府可以提供房屋、土地,社会力量投资兴办科技馆 ● 车载天文台花费 60 万元,国家补贴 20 万元 ※ 税务部门对科技馆的门票收入税也给予了减免
相关支持产业	科普创作	★ 秦瑞强背着相机走访我国多个省(自治区、直辖市)的 20 余家科技馆、博物馆 ★ 2007 年得到了石家庄市科技局一个项目支持,承担"车载天文台"研制 ● 2012 年,中国科技馆撤下来的、原价值 218 万元展品送给了河北正定科技馆
	科普生产	未见与科普生产型企业合作的新闻报道
	科普传播	◎ 2017 年计划与国家天文台联合创办"中国星空网"
企业战略与行业竞争	运营战略	★ 秦瑞强说,现在还得通过门票养活科技馆 ● 科技馆全职人员只有 40 余人,为了控制开支,没有工作服,身兼数职 ☆ 企业化管理,与其他官办科技馆相比,不受体制化约束 ■ 秦瑞强说:"我们在等待政策扶持的同时,用科普人的热情与执着,坚持,坚持,再坚持。"
	区域竞争	★ 这是全国唯一的民营科技馆,被科技部、中国科协、中国科技馆发展基金会誉为"科技馆中的佼佼者",获得荣誉达十项之多 ● 国内科技馆千篇一律,没有自己的特色,不少科技馆因展品滞后,沦为"形象工程",摊子越大,地方财政的包袱越大 ● 产品内容多,上海科技馆比正定科技馆还要少几项

注:▲ 资料来自正定县科技馆网站;★ 资料来自《燕赵都市报》(2017 年 2 月 11 日 08 版);● 资料来自《新华社-瞭望东方周刊》(2012 年 07 月 09 日);※ 资料来自河北广电网(2013 年 5 月 20 日);☆资料来自电视采访;◎ 资料来自新华网转载石家庄日报的相关报道(2017 年 05 月 28 日);■ 资料来自企业报告。

(三)河北正定科技馆发展的得失分析

河北正定科技馆是一家民营性科普企业,也是全国众多市场化科普企业或者说科普产业发展的一个"缩影"。根据行动者网络理论对河北正定科技馆的发展要素进行分析,既可以总结该馆发展的得失问题,也可以从中窥探影响国内科普产业发展的一些症结。

1. 成功与地方政府界定问题是其创馆的基础　　按照行动者网络理论,一个产业项目能否得以实施,关键在于项目发起主体能否与掌握关键资源的其他行动者进行清晰的问题界定,即基于双方利益的契合点,运用问题化语言表述,引起对方兴趣,在目标一致性上寻求与对方合作。笔者认为,河北正定科技馆的建立无疑是发起者秦瑞强与当地政府成功进行问题转译的结果。2001 年,对于当地政府而言,当时隶属于正定县旅游局的"电影探秘宫"因经营不善而濒临倒闭,政府财力有限,难以自建科技馆,希望有社会力量来"接盘"。如果政府没有这一诉求,那么,问题界定环节将无法顺利完成。对于秦瑞强个人而言,打开政府"心扉"的并不是"个人对科学的执着与热爱"的真切表达,而是基于建设科技馆可以为当地政府创造的社会价值进行清晰的陈述,即建设科技馆不仅能够完成政府"接盘"事宜,更重要的是,可以"弥补县科技馆缺失的现状,帮助政府完善公共文化服务,提升政府的社会形象"。由此可见,在行动者网络中,对于关键行动者,发起者能否立足于对方立场,寻找到利益的契合点和交易空间,正所谓"自我目标的实现也是实现他人目标的基础"是问题转译成功的标准。事实证明,正定县政府成为河北正定科技馆的一个关键行动者之后,为该馆的后期发展发挥了强有力的网络吸纳功能,推动该馆成为河北省国防教育基地、中科院国家天文台正定观测站、河北电视台科技教育拍摄基地等近 20 家教育科普基地,有效扩大了该馆的发展力度,同时也提升了正定县的社会声誉。

2. 行业行动者缺失是该馆发展面临的主要困境　　任何一个企业,无论处于产业链的哪一环节,其发展都离不开上下游相关合作者的支持与协作。对于科技馆而言,展教服务是其主要业务,但科技馆的可持续发展离不开展馆的科普内容创作、展品研发生产、展馆设计及投资和市场推广等其他组织的支持,更为重要的是,发展科技馆新业态也需要跨行业链接行动者,如与旅游企业联合开发科普旅游项目、与中小学联合开展科普教育等。行动者网络理论将链接行业行动者的过程定义为"构建关键契合点"。这个关键节点就像一个漏斗的窄端,可以让其他参与者聚集在一个特定的主题、目的或问题上。构建了关键契合点,不同行动者才有相互沟通与合作的空间。

在这个案例中,很明显的事实就是,河北正定科技馆基本上一直处于"独自发展"状态,其创始人秦瑞强也一直是"事必躬亲"的能手,与政府这一主体合作较多,而与科技馆相关支持企业合作明显不足,其官方网站的"交流合作"板块几乎没有任何相关合作的报道也证实了这一问题。这种缺乏行业行动者协作的结果是,单纯依靠公益性门票收入、政府补贴、税收优惠难以支撑该馆真正走向市场化,使该馆一直徘徊在"事业化"和"市场化"的边缘,这是该馆目前面临困境的实质之所在。当然,按照行动者网络理论的解释,另一个重要原因在于科技馆本身的公益属性,盈利微薄而无法形成与其他行业行动者达成"利益谈判"的空间,难以构建关键契合点,这也是不可回避的现实。

3. 社会科普需求与政策因素制约了科技馆的发展　　正如前文所述,在行动者网络整体演化分析过程中,我们不仅需要关注人的行动者,更要看到社会科普观念、产业政策等非人的行动者对网络的潜在影响。在这个案例中,我们不仅要看到河北科技馆缺少行业性合作网络问题,还要看到社会科普需求及科普产业政策对民营科技馆发展的制约性影响。

就科普需求而言，尽管社会公众的科普需求十分旺盛，但是，传统公益性科普服务正在面临主体单一、运营资金短缺，科普服务供给不足、供需失衡等困境。与之相矛盾的是，随着知识消费时代的来临，人们对科普产品或服务有着强劲的潜在需求。互联网品牌"果壳网"推出的用于科普知识问答的"分答"项目的成功运营就是一个很好的例证。也就是说，当前社会公众潜在的科普需求，特别是市场化科普需求一直没有得到有效的激发，这是一个不争的事实。随之而来的问题是，市场需求的表面"疲软"会直接制约科普整体业态的发育和成长，导致规模性、综合型科普企业不多，数字化科普创新能力不足、区域产业链完整度不高等问题，影响行业主体之间行动网络的构建，这是包括河北正定科技馆在内的诸多科普企业所面临的行业困境。

另外，按照《文化部"十三五"时期文化产业发展规划》相关表述，我们认为，未来的科普产业会更多地以"科普+"的形式发展成为一种融合型文化服务产业，但是与其他文化产业类别不同的是，科普产业又具有较强的公益性，因此，应当给予一定的优惠政策加以扶持。然而，现有政策对此并没有明确的规定，以至于地方政府难以对民营科普企业实施有效的扶持行动。正如秦瑞强本人所说，工商行政部门只能按照对待一般企业的管理办法对河北正定科技馆进行管理，导致其他科技馆在税收方面的一些优惠政策，河北正定科技馆却无缘享受。

（四）促进国内科普产业发展的建议

1. 界定科普事业与科普产业边界是发展科普产业的前提　　众所周知，科普产业本质上是公益性事业和市场化产业的混合物，但是，二者孰轻孰重的边界至今未能清晰界定。尽管《国家中长期科学和技术发展规划纲要（2006—2020年）》《科技发展"十三五"规划纲要》等多个政策文件倡导"发展经营性的科普产业"，但是在执行层面却没有明确的产业规划及相关促进政策，尤其在税收政策上，缺乏鼓励科普企业发展的融资和税收优惠的具体实施细则，导致社会投资"心有余而力不足"，制约了科普产业的发展。笔者认为，解决这一问题需要从三个方面入手。

首先，需要将科普产业纳入国家"文化+"和"互联网+"的融合型文化产业范畴予以政策支持。政府应尽快出台具体的科普产业化指导细则，落实社会个人和企业投资或捐赠科普事业或科普产业的税收减免或抵扣政策、融资优惠政策等。其次，推动公益性科普事业单位的科普服务供给方向改革。引导公益性科普事业逐渐放开市场竞争领域，集中转向纯公益性、基础性的公共科普服务，如义务教育阶段的义务科普服务、社会重大传染疾病的健康科普宣传、社会突发事件的应急科普服务等。鼓励科技馆、博物馆等运营性科普事业单位逐步向市场开放，与社会其他主体共建共享科普资源，实行科普服务的公益性供给和市场化供给的混合模式。最后，优先支持市场竞争性科普服务领域发展科普产业，通过市场机制向社会公众提供个性化的科普服务和科普产品。仿效欧美等发达国家，鼓励科普与旅游、影视动漫、休闲娱乐、数字游戏、健康医疗等产业的融合发展，培育"科普+"的融合型新业态，满足科普多元化的社会需求。

2. 激发科普消费需求是科普产业发展的社会基础　　众所周知，科普产业发展的原动力在于社会公众对科普的需求。正所谓，没有科普需求，科普产业的发展便没有意义，找不准科普需求，科普产业发展就是无的之矢。为了激活社会公众自发性科普需求，需要从"推"和"拉"两个方面入手：一方面，政府和科学共同体、企业、媒体组织需要联合加强科普价值的社会传播力度，加大幼儿和中小学阶段的科普观念教育，将科普定位为一种文化消费，彰显科普服务产品的特殊效用价值，培育公众自觉参与公益性科普、愿意购买科普产品服务的观念，形成科普产业发展的需求"推力"。另一方面，通过科普产业化发展，鼓励企业基于数字技术，开发互动性强、趣味性和益智性高的数字科普产品和在线科普服务，激发社会公众的消费意愿，形成对科普产业发展的需求"拉力"。事实上，国内在线医疗服务品牌"春雨医生"推出的"在线问诊服务"成功开创了一种新的盈利模式，在某种程度上表明，社会公众的健康科普需求是潜在的，需要引导和激发，这是发展科普产业必要的社会基础。

3. 构建行动者网络是推动科普产业的主要成长机制　　行动者网络理论的基本观点是，任何事物的发展都是人为因素与客观环境因素相互作用的结果。就科普产业而言，单纯依靠政府或某一家热衷于科普的组织，不足以形成推动科普产业化的核心网络。研究科普产业化，必然需要关键行动者，但最为关键的是，需要建立公众、核心企业（项目发起人）与支持性企业、政府等多种行动者的合作网络，避免科普主体力量的"分散"，这是我们发展科普产业的必要思路。按照行动者网络理论的解释，一个科普产业项目的发起需要一个强有力的核心行动者，并且随着行动网络逐渐复杂化，内部应该建立一套规则体系，使得新加盟的行动主体能够清晰认知自己的职责边界。角色化成功与否直接会影响网络吸纳能力和整体发展水平。以国外健康科普产业为例，区域产业集群无不是在大型医疗机构辐射下实现资源高度集聚而形成。例如，美国印第安纳州健康产业的发展是围绕德布易矫形公司（DePuy Orthopaedics）和生物制药行业知名企业礼来公司（Eli Lilly and Company）两个核心企业而聚集发展起来的。专注于教育和健康护理产业的迪拜健康城（DHCC），同样依托于著名的 TECOM 集团的在生命科学、医疗保健与工业领域的投资而兴起。因此，培育核心科普企业并在本土构建高质量的多元主体合作网络是推动科普产业成长的一种机制。

4. 阶段性调整政策是政府促进科普产业发展的必要行动　　在我国科普产业发展过程中，政策的作用是逐渐显露的，政府部门也是经过摸索才找到政策的抓手。只有进入政策引路这个阶段，才能实现科普文化产业从自发到自觉、从混沌到清晰、从无序到有序的演进。笔者认为，上述"政策引路"的观点无疑是正确的，但是阶段性调整政策也是必需的。这是因为，在科普产业化项目实施初期，当地政府充当的角色更多的是培育者，主要职能是给项目投资者一定期限的孵化场地、融资优惠和税收减免政策，扶持创业性科普企业的成长。然而，一旦企业进入成长时期，政府的角色应当从培育者转变为服务者，其主要职能应该是围绕科普产业链，帮助项目发起者进行业务推介、品牌塑造、吸纳或链接更多的支持性企业，促进其形成稳定的行动者网络。当然，项目发起者在这个阶段则需要不断识别其他关键行动者，进行问题转译，寻求合作，加强市场推广的投入，生产并销售各种衍生态科普产品或科普服务，构建"官产学研用"的科普产业发展生态。总而言之，阶段性调整政策更有助于科普产业从"扶持发展"转向"自我发展"。

第三篇

发展能力评估体系建设

第六章 科普场馆产业发展能力评估体系

第一节 产业发展能力评估指标设计

为了推进科普场馆产业的发展,形成科学合理的科普场馆产业评价机制,建立科普场馆产业评估指标体系,打通制约场馆、政府、金融机构、投资商投融资的障碍,解决科普场馆产业评估难题,特设计科普场馆产业发展能力评估指标体系来衡量科普场馆产业发展的能力。

一、评估指标体系设计

(一)指标体系设计依据

科普场馆产业评估指标体系按照行业分类和统计范围,在指标设计原则的指导下,参照《中国文化及相关产业统计年鉴(2014)》进行设计。

(二)指标体系构建方法

第一,构建《科普场馆产业发展能力评估指标体系结构表》(表6.1)。

表6.1 科普场馆产业发展能力评估指标体系结构表

指标类别(一级指标)	指标名称(二级指标)	指标要素(三级指标)						指标属性(四级指标)			指标说明
资源投入能力	专业技术人员比例	初级		中级		高级		完备性	执行性	有效性	科普场馆的资源保障、基础设施(组织机构、管理制度等)是实现内容产出能力、市场盈利能力的重要基础,场馆的资源保障必须与市场盈利能力相匹配
	在职人员学历结构	大专及以下		本科	硕士		博士				
	年龄结构比例	29岁含以下	30～34岁	35～39岁	40～44岁	45～49岁	50～54岁	55～60岁				
	男女结构比例	男(人)			女(人)							
	基础设施	建筑面积(平方米)			展示面积(平方米)							
	政府支持	政府投入资金(万元)										
	战略规划	战略规划设计等										

(续表)

指标类别 （一级指标）	指标名称 （二级指标）	指标要素 （三级指标）				指标属性 （四级指标）					指标说明
市场盈利能力	科普出版	受众范围	传播媒介	发行渠道	品牌影响	覆盖率	转化率	影响力	主导性	持续性	针对科普场馆产业发展能力，市场盈利能力决定了投资收益和回报，也为产品开发和项目实施确定了目标和方向
	科普影视										
	文创产品										
	科普临展										
内容产出能力	科普出版	内容风格	内容题材	内容质量	实现技术	独特性	创新性	艺术性	专业性	社会性	在市场盈利的目标明确和准确前提下，适合受众群体消费需求且具有差异化特征的内容产品可为市场盈利提供载体和保障
	科普影视										
	文创产品										
	科普临展										
创新开拓能力	行业竞争	所获荣誉、排行等				独特性	创新性	艺术性	专业性	社会性	内容产出的差异化，就需要具备创新开拓能力来满足消费需求的变化
	展项改造	科普展教品研发制造[名称，种类（种），数量（件）]		展厅改造（个，名称）							
	教育活动	活动名称，活动次数（次）									
	科普培训	培训名称，培训次数（次）									
品牌营销能力	观众量	展厅年接待观众量（万人次）				覆盖率	转化率	影响力	主导性	持续性	具备了内容产出能力和创新开拓能力，还需要品牌营销能力来进一步保证科普场馆产业的影响力、主导性、持续性等
	官方网站及新媒体访问量	微信发布量（篇/年）	微信粉丝数量（人）	微博粉丝数量（人）	官方网站首页访问量（次/年）						

第二，绘制《科普场馆产业发展能力评估指标释义表》（表 6.2）。

表 6.2　科普场馆产业发展能力评估指标释义表

指标类别 （一级）	指标名称 （二级）	指标属性（四级）/释义					指标说明
		完备性	执行性	有效性			
资源投入能力	专业技术人员比例	专业技术人员比例完整度高	专业技术人员发挥作用程度高	专业技术人员技术业务水平高			科普场馆的资源保障、基础设施（组织机构、管理制度等）是实现内容产出能力、市场盈利能力的重要基础，场馆的资源保障必须与市场盈利能力相匹配
	在职人员学历结构	学历结构配置完整度高	各学历层次人员发挥作用程度高	各学历层次人员符合相应岗位要求			

(续表)

指标类别(一级)	指标名称(二级)	指标属性(四级)/释义					指标说明
		完备性	执行性	有效性			
资源投入能力	年龄结构比例	年龄结构配置完整度高	各年龄层次人员发挥作用程度高	各年龄层次人员保障人才队伍有序发展			科普场馆的资源保障、基础设施(组织机构、管理制度等)是实现内容产出能力、市场盈利能力的重要基础,场馆的资源保障必须与市场盈利能力相匹配
	男女结构比例	性别结构配置合理	各性别结构人员发挥作用程度高	各性别结构人员满足不同观众需求			
	基础设施	基础设施完善	基础设施发挥作用程度高	基础设施保障场馆正常运行			
	政府支持	政府给予足够多的支持	政府支持发挥作用程度高	政府支持保障场馆正常运行			
	战略规划	制度、规划健全	制度、规划发挥作用程度高	制度、规划得到有效落实			

指标类别(一级)	指标名称(二级)	指标要素(三级)	指标属性(四级)/释义					指标说明
			覆盖率	转化率	影响力	主导性	持续性	
市场盈利能力	科普出版/科普影视/文创产品/科普临展	受众范围	评估对象或其产品的覆盖整个市场的能力,以此判断评估对象市场受众是否广泛	预估和辨别评估对象或其产品覆盖市场比率中的转化能力,是衡量评估对象市场价值转化的重要依据	通过评估对象或其产品的市场转化能力,判定评估对象的市场效应	综合评估对象额市场占有能力、市场价值转化能力及市场影响力,评测出评估对象的市场主导力	针对评估对象或其产品的市场适应能力和认可度,判定评估对象的市场可持续性	针对科普场馆产业发展能力,市场盈利能力决定了投资收益和回报,也为产品开发和项目实施确定了目标和方向
		传播媒介	评估对象或其产品所采取的宣传渠道的市场覆盖范围,是判定评估对象市场覆盖率的标尺之一	宣传渠道广是前提,能否产生宣传推广的效应,能否产生转化价值需要判定	通过判别评估对象或其产品宣传采用的工具、渠道及效率等,辨别其影响力	所采取的传播媒介的市场占有率、传播效率等决定了传播的市场主导性	传播投放的延续性和范围更广	

(续表)

指标类别(一级)	指标名称(二级)	指标要素(三级)	指标属性(四级)/释义					指标说明
			覆盖率	转化率	影响力	主导性	持续性	
市场盈利能力	科普出版/科普影视/文创产品/科普临展	发行渠道	评估对象或其产品推广渠道的宽度和广度	评估对象或其产品发行或推出后,能否收到实际效果,如市场普及程度、实际购买效力等	通过渠道发行或推出后,评估对象或其产品收到的市场效果	衡量发行渠道所产生的市场占有效果,从横向和纵向两个维度判定其市场主导能力	发行渠道的持续运营或占用能力,以及渠道产生的传播效力的延续性	针对科普场馆产业发展能力,市场盈利能力决定了投资收益和回报,也为产品开发和项目实施确定了目标和方向
		品牌影响	评估对象或其产品的品牌市场影响范围或规模	评估品牌覆盖范围中成功转化成价值的能力	评估对象或其产品已产生或将产生的市场影响效应	对品牌效应所带来的市场主导能力的评估	品牌效应的延续性或影响力强度	

指标类别(一级)	指标名称(二级)	指标要素(三级)	指标属性(四级)/释义					指标说明
			独特性	创新性	艺术性	专业性	社会性	
内容产出能力	科普出版/科普影视/文创产品/科普临展	内容风格	评估对象或其产品内容或风格的独特性	评估对象的内容或风格的独一无二性	评估对象或其产品的内容或风格更具有艺术水准,符合受众需求	评估对象或其产品的内容或风格的行业专业价值度高	评估对象或其产品的内容或风格符合市场受众需求	在市场盈利的目标明确和准确前提下,适合受众群体消费需求且具有差异化特征的内容产品可为市场盈利提供载体和保障
		内容题材	评估对象或其产品内容创意的独特性	评估对象或其产品内容创意的独一无二性	评估对象或其产品内容创意体现艺术特色,符合受众需求	评估对象或其产品内容创意的专业水准高	评估对象或其产品内容创意体现市场受众需求	
		内容质量	评估对象或其产品内容质量或水平的出类拔萃	评估对象或其产品内容质量或水平的出类拔萃	评估对象或其产品内容质量的艺术成分含量更高,能够满足市场受众的需要	评估对象或其产品内容质量的专业性强	评估对象或其产品内容质量体现市场需要	
		实现技术	采用或研发了独特的生产或营销技术	创新研发或采用了新的生产或营销技术	创新研发或采用了新的生产或营销技术的艺术性更强	创新研发或采用了新的生产或营销技术的专业性更强	采用或研发了实用技术符合社会生产力的发展规律	

（续表）

指标类别（一级）	指标名称（二级)	指标属性(四级)/释义					指标说明
		独特性	创新性	艺术性	专业性	社会性	
创新开拓能力	行业竞争	评估对象的独特性	评估对象的独一无二性	评估对象的艺术特色性	评估对象的专业水准	评估对象的符合社会生产发展规律	内容产出的差异化，就需要具备创新开拓能力来满足消费需求的变化
	展项改造	评估对象的独特性	评估对象的创意特色性	评估对象体现艺术特色或艺术成分含量高	评估对象的专业水准高	评估对象符合受众需求和社会生产发展规律	
	教育活动	评估对象的独特性	评估对象的创意特色性	评估对象体现艺术特色或艺术成分含量高	评估对象的专业水准高	评估对象符合受众需求和社会生产发展规律	
	科普培训	评估对象的独特性	评估对象的创意特色性	评估对象体现艺术特色或艺术成分含量高	评估对象的专业水准高	评估对象符合受众需求和社会生产发展规律	

指标类别（一级）	指标名称（二级)	指标属性(四级)/释义					指标说明
		覆盖率	转化率	影响力	主导性	持续性	
品牌营销能力	观众量	评估对象覆盖观众的比率，以此判定评估对象受众是否广泛	通过评估对象覆盖观众能否收到实际效果，是衡量评估品牌营销能力的重要依据	通过判别评估对象覆盖观众的量，辨别其影响力	通过观众覆盖率、转化率和影响力来决定品牌营销能力	评估对象所能带来的品牌效应延续性	具备了内容产出能力和创新开拓能力，还需要品牌营销能力来进一步保证科普场馆产业的影响力、主导性、持续性等
	官方网站及新媒体访问量	评估对象观众访问的比率，以此判定评估对象受众是否广泛	通过评估对象覆盖能否收到实际效果，是衡量评估品牌营销能力的重要依据	通过判别评估对象覆盖观众的量，辨别其影响力	通过观众覆盖率、转化率和影响力来决定品牌营销能力	评估对象所能带来的品牌效应延续性	

第三,制定《科普场馆产业发展能力评估指标评测依据表》(表 6.3)。

表 6.3 科普场馆产业发展能力评估指标评测依据表

指标类别(一级)	指标名称(二级)	单项评分			评分标准
		完备性	执行性	有效性	
资源投入能力	专业技术人员比例	A. 完备 B. 基本完备 C. 设置不足	A. 较好 B. 基本满足要求 C. 满足不了要求	A. 达到预期目标 B. 基本满足要求 C. 没达到目标	评估人员根据 A、B、C 对应的分值进行打分,A、B、C 对应分值如下:A= 80～100 分(不含 80 分);B=60～80 分(不含 60 分);C 为 60 分及以下,满分为 100 分,打分保留小数点后两位
	在职人员学历结构	A. 完备 B. 基本完备 C. 设置不足	A. 较好 B. 基本满足要求 C. 满足不了要求	A. 达到预期目标 B. 基本满足要求 C. 没达到目标	
	年龄结构比例	A. 完备 B. 基本完备 C. 设置不足	A. 较好 B. 基本满足要求 C. 满足不了要求	A. 达到预期目标 B. 基本满足要求 C. 没达到目标	
	男女结构比例	A. 完备 B. 基本完备 C. 设置不足	A. 较好 B. 基本满足要求 C. 满足不了要求	A. 达到预期目标 B. 基本满足要求 C. 没达到目标	
	基础设施	A. 完备 B. 基本完备 C. 设置不足	A. 较好 B. 基本满足要求 C. 满足不了要求	A. 达到预期目标 B. 基本满足要求 C. 没达到目标	
	政府支持	A. 完备 B. 基本完备 C. 设置不足	A. 较好 B. 基本满足要求 C. 满足不了要求	A. 达到预期目标 B. 基本满足要求 C. 没达到目标	
	战略规划	A. 完备 B. 基本完备 C. 设置不足	A. 较好 B. 基本满足要求 C. 满足不了要求	A. 达到预期目标 B. 基本满足要求 C. 没达到目标	

指标类别(一级)	指标名称(二级)	指标要素(三级)	单项评分					评分标准
			覆盖率	转化率	影响力	主导性	持续性	
市场盈利能力	科普出版/科普影视/文创产品/科普临展	受众范围	A. 范围较大 B. 范围一般 C. 范围偏小	A. 转化较高 B. 转化一般 C. 转化偏低	A. 影响较大 B. 影响一般 C. 影响较低	A. 主导明确 B. 基本清晰 C. 无主导性	A. 十分稳定 B. 基本稳定 C. 不稳定	评估人员根据 A,B,C 对应的分值进行打分,A,B,C 对应分值如下:A = 80～100 分(不含 80 分);B=60～80 分(不含 60 分);C 为 60 分及以下,满分为 100 分,打分保留小数点后两位
		传播媒介	A. 综合利用 B. 利用一般 C. 利用不足	A. 效果显著 B. 效果一般 C. 效果偏低	A. 实力发达 B. 实力一般 C. 实力偏弱	A. 主导明确 B. 基本界定 C. 无主导性	A. 十分稳定 B. 基本稳定 C. 不稳定	
		发行渠道	A. 渠道较广 B. 渠道一般 C. 渠道偏窄	A. 转化较高 B. 转化一般 C. 转化偏低	A. 渠道发达 B. 渠道一般 C. 渠道偏弱	A. 主导明确 B. 基本界定 C. 无主导性	A. 十分稳定 B. 基本稳定 C. 不稳定	
		品牌影响	A. 影响面广 B. 影响一般 C. 影响面小	A. 效果显著 B. 效果一般 C. 效果偏低	A. 竞争较强 B. 竞争一般 C. 竞争偏弱	A. 品牌较多 B. 品牌一般 C. 品牌较少	A. 知名度高 B. 知名度一般 C. 知名度低	

(续表)

指标类别(一级)	指标名称(二级)	指标要素(三级)	单项评分					评分标准
			独特性	创新性	艺术性	专业性	社会性	
内容产出能力	科普出版/科普影视/文创产品/科普临展	内容风格	A.风格独特 B.风格鲜明 C.风格一般	A.与众不同 B.特色明显 C.一般水平	A.感染力强 B.感受力一般 C.感染力偏弱	A.符合行业 B.贴近行业 C.与行业不符	A.符合需要 B.贴近需要 C.与需要不符	评估人员根据A、B、C对应的分值进行打分,A、B、C对应分值如下:A=80~100分(不含80分);B=60~80分(不含60分);C为60分及以下,满分为100分,打分保留小数点后两位
		内容题材	A.题材独特 B.题材新颖 C.题材一般	A.独出心裁 B.特色明显 C.一般水平	A.较强 B.一般 C.偏弱	A.符合行业 B.贴近行业 C.与行业不符	A.符合需要 B.贴近需要 C.与需要不符	
		内容质量	A.特色显著 B.特色明显 C.质量一般	A.独具创意 B.创意显著 C.一般水平	A.特色显著 B.特色一般 C.特色偏弱	A.内涵深厚 B.内涵一般 C.内涵偏弱	A.符合需要 B.贴近需要 C.与需要不符	
		实现技术	A.特色明显 B.特色一般 C.特色偏弱	A.自主创新 B.引用先进 C.采用一般	A.应用灵活 B.应用得当 C.应用不当	A.满足需要 B.基本满足 C.无法满足	A.高于社会平均水平 B.贴近社会平均水平 C.低于社会平均水平	

指标类别(一级)	指标名称(二级)		单项评分					评分标准
			独特性	创新性	艺术性	专业性	社会性	
创新开拓能力	行业竞争		A.风格独特 B.风格鲜明 C.风格一般	A.与众不同 B.特色明显 C.一般水平	A.感染力强 B.感受力一般 C.感染力偏弱	A.符合行业 B.贴近行业 C.与行业不符	A.符合需要 B.贴近需要 C.与需要不符	评估人员根据A、B、C对应的分值进行打分,A、B、C对应分值如下:A=80~100分(不含80分);B=60~80分(不含60分);C为60分及以下,满分为100分,打分保留小数点后两位
	展项改造		A.题材独特 B.题材新颖 C.题材一般	A.独出心裁 B.特色明显 C.一般水平	A.较强 B.一般 C.偏弱	A.符合行业 B.贴近行业 C.与行业不符	A.符合需要 B.贴近需要 C.与需要不符	
	教育活动		A.特色显著 B.特色明显 C.质量一般	A.独具创意 B.创意显著 C.一般水平	A.特色显著 B.特色一般 C.特色偏弱	A.内涵深厚 B.内涵一般 C.内涵偏弱	A.符合需要 B.贴近需要 C.与需要不符	
	科普培训		A.特色明显 B.特色一般 C.特色偏弱	A.自主创新 B.引用先进 C.采用一般	A.特色显著 B.特色一般 C.特色偏弱	A.满足需要 B.基本满足 C.无法满足	A.高于社会平均水平 B.贴近社会平均水平 C.低于社会平均水平	

(续表)

指标类别（一级）	指标名称（二级）	单项评分					评分标准
		覆盖率	转化率	影响力	主导性	持续性	
品牌营销能力	观众量	A.范围较大 B.范围一般 C.范围偏小	A.转化较高 B.转化一般 C.转化偏低	A.影响较大 B.影响一般 C.影响较低	A.主导明确 B.基本清晰 C.无主导性	A.十分稳定 B.基本稳定 C.不稳定	评估人员根据A、B、C对应的分值进行打分，A、B、C对应分值如下：A=80~100分（不含80分）；B=60~80分（不含60分）；C为60分及以下，满分为100分，打分保留小数点后两位
	官方网站及新媒体访问量	A.范围较大 B.范围一般 C.范围偏小	A.转化较高 B.转化一般 C.转化偏低	A.影响较大 B.影响一般 C.影响较低	A.主导明确 B.基本清晰 C.无主导性	A.十分稳定 B.基本稳定 C.不稳定	

第四，建立《科普场馆产业发展能力评估指标体系评测权重系数表》（表6.4）。

表6.4 科普场馆产业发展能力评估指标体系评测权重系数表

指标类别	权重系数	指标名称	权重系数	指标要素	权重系数	指标属性	权重系数
资源投入能力	0.2	专业技术人员比例	0.2	初级	0.35	完备性	0.3
				中级	0.4		
				高级	0.25		
		在职人员学历结构	0.2	大专及以下	0.3	执行性	0.3
				本科	0.4		
				硕士	0.2		
				博士	0.1		
		年龄结构比例	0.1	29岁含以下	0.4	有效性	0.4
				30~34岁	0.15		
				35~39岁	0.15		
				40~44岁	0.1		
				45~49岁	0.1		
				50~54岁	0.05		
				55~60岁	0.05		
		男女结构比例	0.05	男	0.5		
				女	0.5		
		基础设施	0.2	建筑面积	0.7		
				展示面积	0.3		
		政府支持	0.15	政府投入资金	1		
		战略规划	0.1	战略规划设计	1		

（续表）

指标类别	权重系数	指标名称	权重系数	指标要素	权重系数	指标属性	权重系数
市场盈利能力	0.2	科普出版	0.25	受众范围	0.3	覆盖率	0.15
				传播媒介	0.2	转化率	0.2
				发行渠道	0.2	影响力	0.2
				品牌影响	0.3	主导性	0.15
						持续性	0.3
		科普影视	0.15	受众范围	0.3	覆盖率	0.15
				传播媒介	0.2	转化率	0.2
				发行渠道	0.2	影响力	0.2
				品牌影响	0.3	主导性	0.15
						持续性	0.3
		文创产品	0.3	受众范围	0.3	覆盖率	0.15
				传播媒介	0.2	转化率	0.2
				发行渠道	0.2	影响力	0.2
				品牌影响	0.3	主导性	0.15
						持续性	0.3
		科普临展	0.3	受众范围	0.3	覆盖率	0.15
				传播媒介	0.2	转化率	0.2
				发行渠道	0.2	影响力	0.2
				品牌影响	0.3	主导性	0.15
						持续性	0.3
内容产出能力	0.3	科普出版	0.25	内容风格	0.2	独特性	0.15
				内容题材	0.2	创新性	0.2
				内容质量	0.3	艺术性	0.15
				实现技术	0.3	专业性	0.2
						社会性	0.3
		科普影视	0.15	内容风格	0.2	独特性	0.15
				内容题材	0.2	创新性	0.2
				内容质量	0.3	艺术性	0.15
				实现技术	0.3	专业性	0.2
						社会性	0.3

（续表）

指标类别	权重系数	指标名称	权重系数	指标要素	权重系数	指标属性	权重系数
内容产出能力	0.3	文创产品	0.3	内容风格	0.2	独特性	0.15
				内容题材	0.2	创新性	0.2
				内容质量	0.3	艺术性	0.15
				实现技术	0.3	专业性	0.2
						社会性	0.3
		科普临展	0.3	内容风格	0.2	独特性	0.15
				内容题材	0.2	创新性	0.2
				内容质量	0.3	艺术性	0.15
				实现技术	0.3	专业性	0.2
						社会性	0.3

指标类别	权重系数	指标名称	权重系数	指标属性	权重系数
创新开拓能力	0.2	行业竞争	0.25	独特性	0.15
		展项改造	0.3	创新性	0.2
		教育活动	0.3	艺术性	0.15
		科普培训	0.15	专业性	0.2
				社会性	0.3

指标类别	权重系数	指标名称	权重系数	指标要素	权重系数	指标属性	权重系数
品牌营销能力	0.1	观众量	0.5			覆盖率	0.15
		官方网站及新媒体访问量	0.5	微信发布量	0.2	转化率	0.2
				微信粉丝数量	0.3		
				微博粉丝数量	0.3		
				官方网站首页访问量	0.2		
						影响力	0.2
						主导性	0.15
						持续性	0.3

第五，科普场馆产业发展能力 K 均值（K-means）聚类分析方法综合评测。

（三）指标体系分析方法

聚类法是类型分析中应用最为普遍的方法，主要用来衡量指标的亲疏程度，相似程度的指标被归为一类。衡量亲疏程度的指标有两种，即距离和相似系数。距离是将每个指标看成是 m 个变量对应的 m 维空间中的一个点，然后在该空间中所定义的指标，距离越近,亲密程度越高。K-means 聚类算法是最简单的聚类算法之一。

二、评估指标体系内容

评估指标设计是建立在对科普场馆产业大量研究基础之上,通过探寻科普场馆产业的共性分类设计出四级指标体系。其中,一级指标 5 个,二级指标 21 个,三级指标 62 个,四级指标 91 个。

三、评估指标体系综合测评

根据《科普场馆产业发展能力评估指标体系结构表》《科普场馆产业发展能力评估指标释义表》《科普场馆产业发展能力评估指标评测依据表》,由评估组进行专业评估和打分。评测体系设定总评分值为 100 分,依据各级指标在整体评测体系中的重要程度和参考价值意义的不同,通过专家打分方式分别赋予各级指标不同的权重。此权重基于科普产业共性设定,暂未考虑具体科普场馆的权重比例。经过折合权重,计算得出综合评价表。经过评估组评测后的指标评分,将参照设定后权重参数进行计算,得出总评结果。

第二节 产业发展能力的评价与测度

一、综合评测方法 K-means 聚类分析

本次研究使用 SPSS19 软件实现 K-means 聚类。

1. K-means 聚类实验初始聚类

通过均值计算,选定数据空间中 K 个对象作为初始聚类中心,每个对象代表一个类别的中心(表 6.5)。

表 6.5 初始聚类中心

	1	2
资源投入能力	18.175 00	16.845 00
市场盈利能力	17.630 00	13.663 00
内容产出能力	25.436 30	22.460 30
创新开拓能力	17.641 25	12.639 50
品牌营销能力	8.475 00	7.641 25
合计总分	87.357 55	73.249 05

对于样品中的数据对象,则根据它们与这些聚类中心的欧氏距离,按距离最近的原则,分别将它们分配给与其最相似的聚类中心所代表的类(表 6.6)。

欧氏距离(Euclidean distance),也称欧几里得距离。采用欧氏距离作为变量之间的聚类函数是常见的距离度量方法之一,用来衡量多维空间中两个点之间的绝对距离。

表 6.6 聚类成员

案例号	聚类	欧氏距离
1	1	2.295
2	2	3.095
3	2	3.247
4	1	6.121
5	1	2.746
6	2	4.054
7	2	2.236
8	1	2.797
9	1	1.963
10	1	1.203
11	1	1.103
12	1	1.926
13	1	2.056
14	2	3.152
15	2	2.733

2. K-means 聚类实验最终聚类

计算每个类别中的所有对象的均值作为该类别的新聚类中心,计算所有样本到其所在类别聚类中心的距离,直到达到最大迭代次数,确定最优聚类中心(即最终聚类中心)则停止,否则继续操作(表6.7～表6.9)。

表 6.7 最终聚类中心

	1	2
资源投入能力	18.067 00	16.966 00
市场盈利能力	17.483 00	15.106 00
内容产出能力	24.445 80	22.222 90
创新开拓能力	16.634 00	14.410 33
品牌营销能力	8.324 86	7.873 75
合计总分	84.954 66	76.578 98

表 6.8 最终聚类中心间的距离

聚类	1	2
1		9.333
2	9.333	

表 6.9　每个聚类中的案例数

聚 类	
1	9
2	6
有 效	15
缺 失	0

3. K-means 聚类分类结果

通过 K-means 聚类实验,我们得出了科普场馆产业发展能力的 K-means 聚类分类结果(表 6.10)。

表 6.10　科普场馆产业发展能力的 K-means 聚类分类结果

场馆发展能力	资源投入能力	市场盈利能力	内容产出能力	创新开拓能力	品牌营销能力	合计总分	属性	分类
上海科技馆	18.449 00	18.322 00	25.030 50	14.638 75	8.613 75	85.054 00	公益类	1
长风海洋世界	17.748 50	16.811 00	21.158 25	14.306 75	8.636 25	78.660 75	企业类	2
四川科技馆	17.232 50	14.504 50	22.407 00	16.466 50	8.341 25	78.951 75	公益类	2
重庆科技馆	16.819 00	19.112 50	20.661 75	16.099 00	7.960 00	80.652 25	公益类	1
重庆自然博物馆	18.391 00	16.380 50	22.728 00	17.072 00	8.661 25	83.232 75	公益类	1
厦门诚毅科技探索中心	16.844 50	13.663 00	22.460 25	12.639 50	7.641 25	73.248 50	企业类	2
福建科技馆	17.547 00	15.047 50	22.401 75	13.145 75	6.957 50	75.099 50	公益类	2
浙江省科技馆	18.175 00	17.630 00	25.436 25	17.641 25	8.475 00	87.357 50	公益类	1
索尼探梦科技馆	17.720 00	16.943 00	26.013 75	17.105 75	7.967 50	85.750 00	准公益类	1
北京天文馆	18.445 00	17.598 00	24.904 50	15.615 50	8.215 00	84.778 00	公益类	1
老牛儿童探索馆	17.599 00	16.946 00	24.434 25	17.448 75	8.537 50	84.965 50	公益类	1
中国低碳科技馆	18.287 50	17.650 00	25.286 50	16.783 75	8.625 00	86.632 50	公益类	1
中国地质博物馆	18.720 50	16.764 50	25.517 25	17.301 25	7.868 75	86.172 25	公益类	1
南京科技馆	16.713 00	16.119 50	22.420 25	15.725 50	8.236 25	79.214 75	公益类	2
南京地质博物馆	15.711 00	14.492 00	22.489 50	14.178 00	7.430 00	74.300 50	公益类	2

二、K-means 聚类实验结果分析

（一）实验结果一

根据科普场馆产业发展能力的 K-means 聚类分类结果,各科普场馆产业发展综合能力按照相似程度被分为两类。

上海科技馆、重庆科技馆、重庆自然博物馆、浙江省科技馆、索尼探梦科技馆、北京天文馆、老牛儿童探索馆、中国低碳科技馆、中国地质博物馆属于相似程度高的一类。

长风海洋世界、四川省博物院、厦门诚毅科技探索中心、福建科技馆、南京科技

馆、南京地质博物馆属于相似程度高的一类。

其中,综合评测能力排行前三名的分别是浙江省科技馆、中国低碳科技馆、中国地质博物馆(图6.1),科普场馆产业发展五种能力排行如表6.11所示。

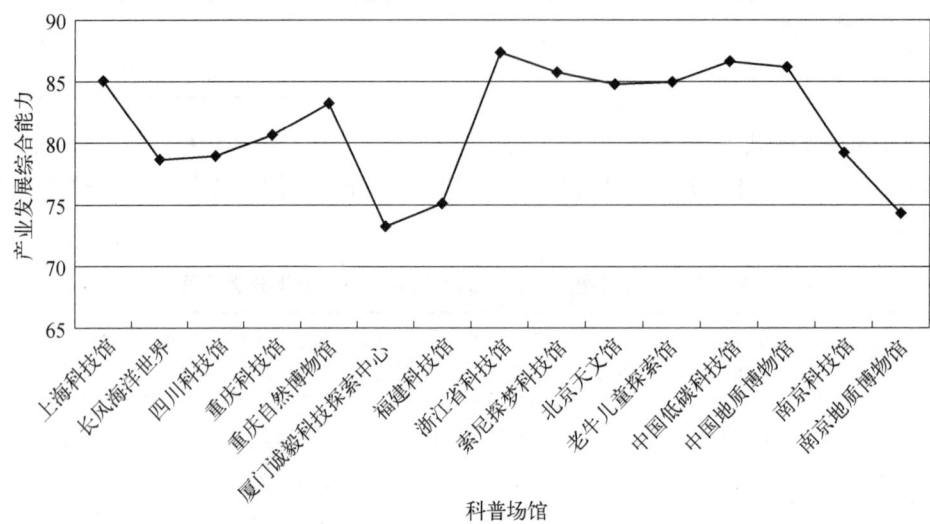

图 6.1　各科普场馆产业发展能力综合评测

表 6.11　科普场馆产业发展五种能力排行表

产业能力 场馆排行	第一	第二	第三
资源投入能力	中国地质博物馆	上海科技馆	北京天文馆
市场盈利能力	重庆科技馆	上海科技馆	中国低碳科技馆
内容产出能力	索尼探梦科技馆	中国地质博物馆	浙江省科技馆
创新开拓能力	浙江省科技馆	老牛儿童探索馆	中国地质博物馆
品牌营销能力	重庆自然博物馆	长风海洋世界	中国低碳科技馆

(二)实验结果二

从资源投入能力来看,高于均值线的科普场馆分别为上海科技馆、长风海洋世界、重庆自然博物馆、浙江省科技馆、索尼探梦科技馆、北京天文馆、中国低碳科技馆和中国地质博物馆。其中,前三名分别是中国地质博物馆、上海科技馆和北京天文馆(图6.2)。

从市场盈利能力来看,高于均值线的科普场馆分别为上海科技馆、长风海洋世界、重庆科技馆、浙江省科技馆、索尼探梦科技馆、北京天文馆、老牛儿童探索馆、中国低碳科技馆和中国地质博物馆。其中,前三名分别是重庆科技馆、上海科技馆和中国低碳科技馆(图6.3)。

从内容产出能力来看,高于均值线的科普场馆分别为上海科技馆、浙江省科技馆、索尼探梦科技馆、北京天文馆、老牛儿童探索馆、中国低碳科技馆和中国地质博物馆。其中,前三名分别是索尼探梦科技馆、中国地质博物馆和浙江省科技馆(图6.4)。

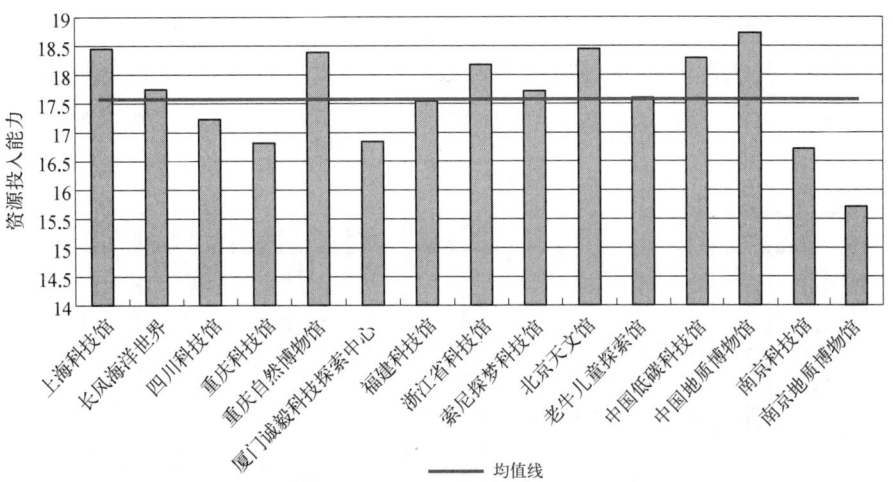

图 6.2　各科普场馆资源投入能力分析

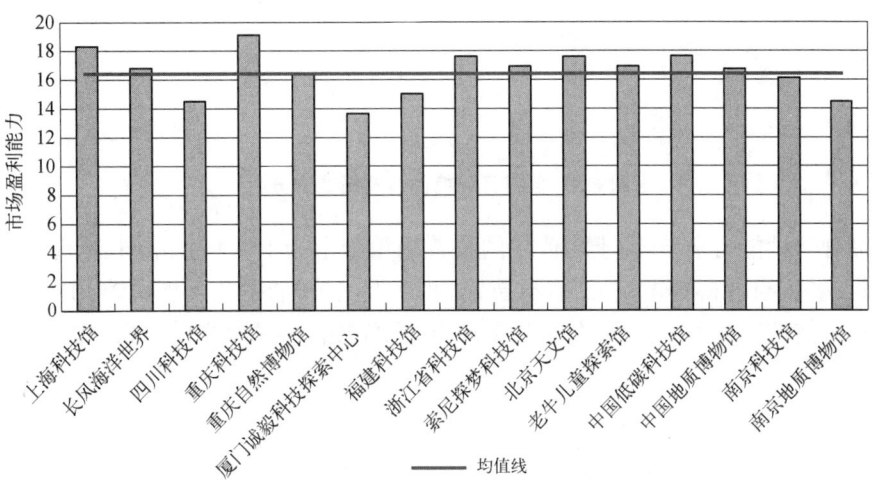

图 6.3　各科普场馆市场盈利能力分析

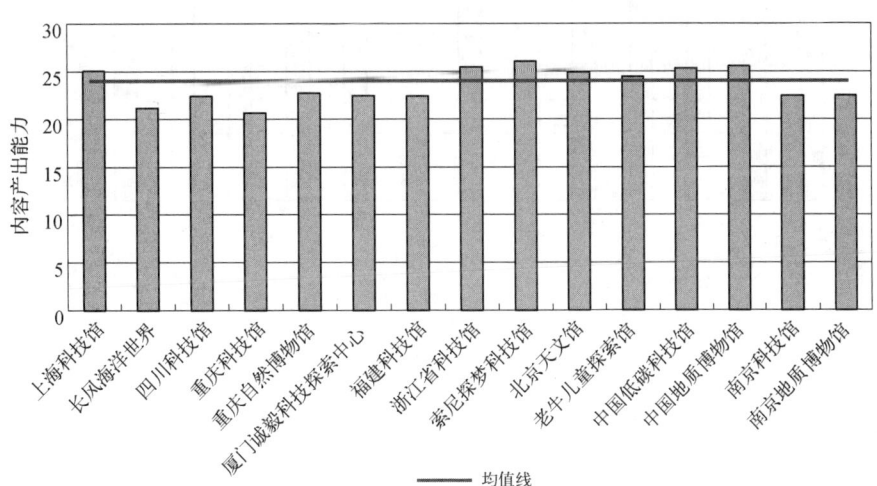

图 6.4　各科普场馆内容产出能力分析

从创新开拓能力来看，高于均值线的科普场馆分别为四川科技馆、重庆科技馆、重庆自然博物馆、浙江省科技馆、索尼探梦科技馆、老牛儿童探索馆、中国低碳科技馆和中国地质博物馆。其中，前三名分别是浙江省科技馆、老牛儿童探索馆和中国地质博物馆（图 6.5）。

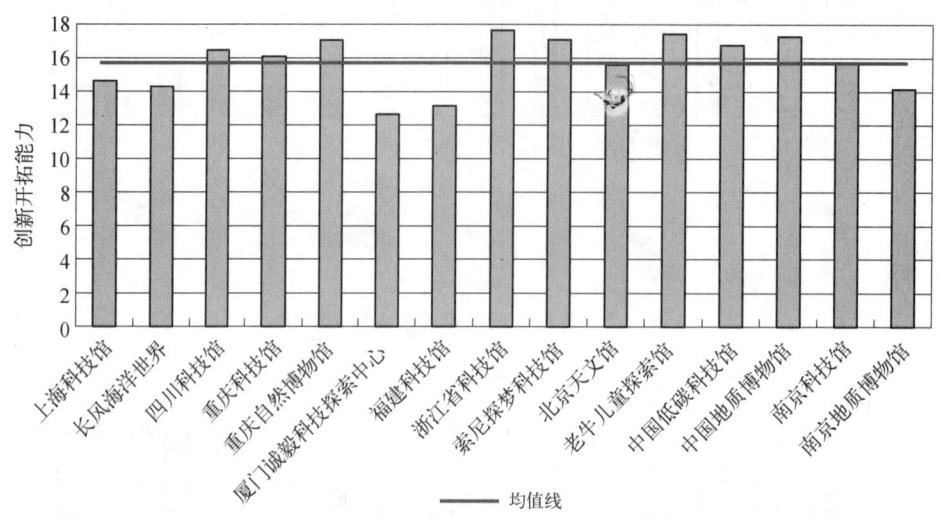

图 6.5　各科普场馆创新开拓能力分析

从品牌营销能力来看，高于均值线的科普场馆分别为上海科技馆、长风海洋世界、四川科技馆、重庆自然博物馆、浙江省科技馆、北京天文馆、老牛儿童探索馆、中国低碳科技馆和南京科技馆。其中，前三名分别是重庆自然博物馆、长风海洋世界和中国低碳科技馆（图 6.6）。

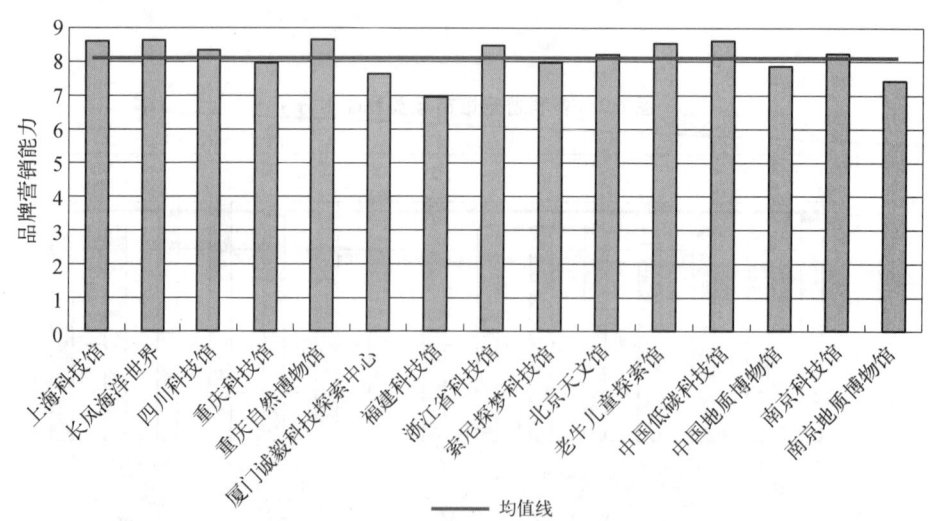

图 6.6　各科普场馆品牌营销能力分析

第七章 上海地区典型科普场馆产业竞争力影响要素评价

第一节 产业竞争力研究对象与分析框架

一、产业发展能力与产业竞争力

产业发展能力是指某一产业在保持可持续发展和发挥比较优势的前提下,通过持续的技术升级和创新推动传统产业发展,不断提升产业竞争力,创造高级生产要素,实现产业结构向合理化和高度化发展的能力,是某一产业在开放性的市场竞争中自我生存并长期发展的能力,既是一种现实的实力,也是一种可能的潜力。

产业竞争力亦称产业国际竞争力,指某国或某一地区的某个特定产业相对于他国或地区同一产业在生产效率、满足市场需求、持续获利等方面所体现的竞争能力。竞争力实质上是一个比较的概念,因此,产业竞争力内涵涉及两个基本方面的问题:一个是比较的内容,一个是比较的范围。具体来说:产业竞争力比较的内容就是产业竞争优势,而产业竞争优势最终体现于产品、企业及产业的市场实现能力。因此,产业竞争力的实质是产业的比较生产力,是一种现实的实力。

产业发展能力和产业竞争力的区别如表 7.1 所示,产业发展能力与产业竞争力的关系如图 7.1 所示。本章将对上海地区典型科普场馆的产业竞争力进行评价分析。

表 7.1 产业发展能力和产业竞争力的区别

	不同点一	不同点二
产业发展能力	现实的实力和可能的潜力	产业发展的全过程(产业的诞生、成长、扩张、衰退淘汰等各个发展阶段)
产业竞争力	现实的实力	产业的扩张能力

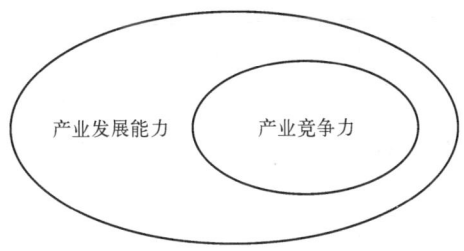

图 7.1 产业发展能力与产业竞争力的关系

二、产业竞争力研究对象

笔者选择上海地区 6 家比较具有典型代表性的科普场馆作为样本进行研究,分别是上海科技馆、上海航空科普馆(以下简称"航空科普馆")、长风海洋世界、上海昆虫博物馆(以下简称"昆虫博物馆")、上海儿童博物馆(以下简称"儿童博物馆"),上海风电科普馆(以下简称"风电科普馆")。

根据《上海市科普基地管理办法》(简称《办法》),上海市科普基地主要包括示范性科普场馆和基础性科普基地等。示范性科普场馆是指面向学科和行业领域,对全市科普发展具有示范、带动和辐射作用的科普基地;基础性科普基地是指围绕"四科"(普及科学技术知识、倡导科学方法、弘扬科学精神、传播科学思想)的有关普及点开展工作的科普基地。其中,示范性科普场馆室内展示面积不少于 2 000 平方米,基础性科普基地室内展示面积不少于 300 平方米。科普基地可以由政府、企事业单位或其他社会组织兴办。

根据《办法》规定,上海科技馆(含上海自然博物馆)展示面积 97 200 平方米,航空科普馆展示面积 12 000 平方米,长风海洋世界展示面积 8 600 平方米,昆虫博物馆展示面积 3 500 平方米,儿童博物馆展示面积 2 500 平方米,这四家科普基地属于示范性科普场馆;风电科普馆展示面积 800 平方米,属于基础性科普基地。

示范性科普场馆中,上海科技馆由上海科技馆主馆、上海自然博物馆、上海天文馆(在建)和标本楼组成,是上海市政府投资兴建的重大公益性社会文化项目,业务归口上海市科委管理;航空科普馆属于由上海市科委、中国商业飞机有限责任公司和上海航空工业(集团)有限公司合作建立的科普场馆;长风海洋世界隶属于欧洲第一、全球第二的默林集团(Merlin Entertainment)旗下之全球最大的水族馆连锁品牌——Sea Life,属于国际品牌的科普场馆;昆虫博物馆隶属中国科学院上海生命科学研究院,其前身是法国神父韩伯禄(Père Heude)1868 年筹建的徐家汇博物院,1930 年改名震旦博物院(Musee Heude),属于研究性质的科普场馆;儿童博物馆隶属于中华人民共和国名誉主席宋庆龄陵园管理处,是全国首座面向 3~10 岁儿童的专业博物馆。

基础性科普基地中,风电科普馆是中国第一家风电类科普场馆,是隶属于企业的基础性科普教育基地,曾获得联合国教科文组织资助建馆,二期展项改造获得上海市政府资助。

三、波特钻石理论模型分析框架

波特钻石理论模型(Porter Diamond Model,PDM)是由美国哈佛商学院著名的战略管理学家迈克尔·波特(Michael Porter)于 1990 年提出的。该模型(图 7.2)认为决定某种产业竞争力的因素有六个:① 生产要素(factor conditions),包括人力资源、天然资源、知识资源、资本资源和基础设施;② 需求条件(demand conditions),主要指本土市场的需求和预期性需求是产业发展的动力;③ 相关产业及配套产业(related and supporting industries),相关产业和配套产业的存在,竞争优势往往与产业"集群"相关联;④ 战略结构和行业竞争(strategy, structure and rivalry),这个因素与组织管理方式、组织目标及组织文化有关,不同的文化背景下形成了不同的形式,而竞争对推动创新和提升竞争优势起着重要作用;⑤ 机会(chance),可遇而不可求,机会可以影响前四大要素发生变化;⑥ 政府(government),可以提供企业所需要的资源,改善产业发展的环境。政府在资助建设基础设施,减免税收并投资于教育和医疗方面都有巨大推动作用。

波特钻石理论模型用于分析产业集群竞争力,决定一个产业竞争力的影响因素。例如,丁鑫等引入该模型对长三角区域旅游产业集聚的时空格局演变进行了分析;

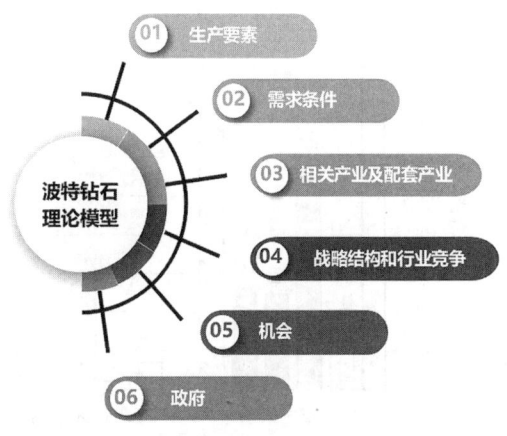

图 7.2 波特钻石理论模型示意图

回声等运用该模型的六大要素,针对合肥会展业竞争力展开了深入分析;王健使用该模型对藏族文化创意产业竞争力进行评价,总结出藏族文化创意产业发展的相关经验。波特的重要贡献在于系统化地研究了影响产业竞争力的诸要素和提升竞争力的战略方法,从而对产业竞争力的研究具有重要的启示和参考价值。下文将运用波特钻石理论模型的六大要素分析框架对上海市典型科普场馆产业竞争力的影响要素进行探讨。

第二节 科普场馆产业竞争力的影响要素

一、从生产要素看

波特将生产要素划分为一般生产要素和专业生产要素,包括人力资源、天然资源、知识资源、资本资源和基础设施,专业生产要素强的组织,它在产业竞争中的优势和可持续性就会越明显。

对科普场馆2016~2017年度的最新统计分析如下。

(一)专业技术人员比例

专业技术人员(含初级、中级和高级)比例由高到低依次是儿童博物馆、上海科技馆、昆虫博物馆、航空科普馆、风电科普馆和长风海洋世界。

中高级技术职称人员所占比例最高的是昆虫博物馆,占比56%;其次是上海科技馆,占比40%;第三是儿童博物馆,占比29%。其中,高级职称所占比例最高的是昆虫博物馆,占比28%;其次是航空科普馆,占比9%;第三是上海科技馆,占比7%;中级职称所占比例最高的是上海科技馆,占比33%;其次是昆虫博物馆,占比28%;第三是风电科普馆,占比25%(图7.3)。

(二)人员学历结构比例

在学历结构比例中,研究生(包括硕士和博士)及以上人数占比最多的是昆虫博物馆,占比54%;其次是儿童博物馆,占比37%;第三是上海科技馆,占比24%。

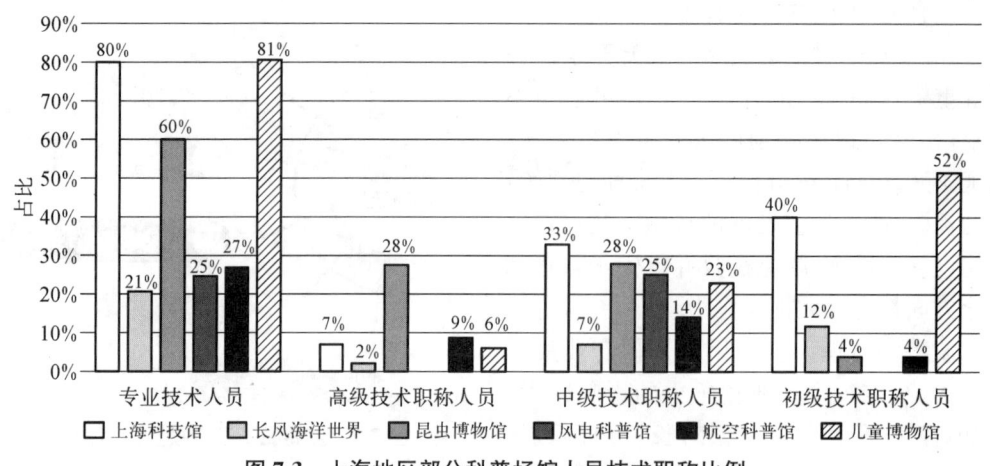

图 7.3 上海地区部分科普场馆人员技术职称比例

其中,博士占比最多的是昆虫博物馆,占比 30%;其次是上海科技馆,占比 7%;第三是长风海洋世界,占比 2%。硕士占比最多的是儿童博物馆,占比 37%;其次是昆虫博物馆,占比 24%;第三是上海科技馆,占比 17%。本科占比最多的是上海科技馆,占比 64%;其次是昆虫博物馆,占比 46%;第三是航空科普馆,占比 43%。

昆虫博物馆、上海科技馆、儿童博物馆本科及以上人数占比分别为 100%、88%、75%,根据《中国科普统计年鉴(2017 年版)》,我国东部地区专职科普人员中大学本科及以上学历人员的比例为 63.78%,以上三馆人员学历结构超过东部地区平均水平(图 7.4)。

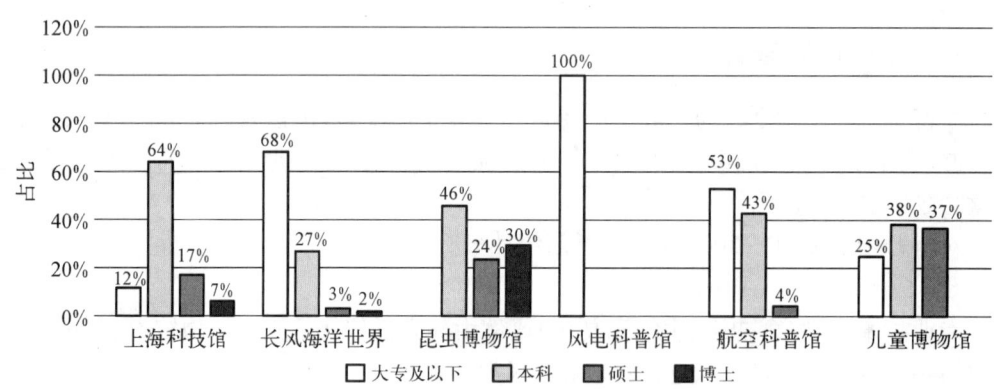

图 7.4 上海地区部分科普场馆人员学历结构比例

(三)人员年龄结构比例

在人员年龄结构比例中,29 岁(含)以下人员占比最多的是风电科普馆,占比 50%;其次是长风海洋世界,占比 47%;第三是上海科技馆,占比 28%。50~60 岁人员占比最多的是航空科普馆,占比 32%;其次是儿童博物馆,占比 25%;第三是昆虫博物馆,占比 16%。30~39 岁人员占比最多的是儿童博物馆,占比 69%;其次是风电科普馆,占比 50%,第三是上海科技馆,占比 45%(图 7.5)。

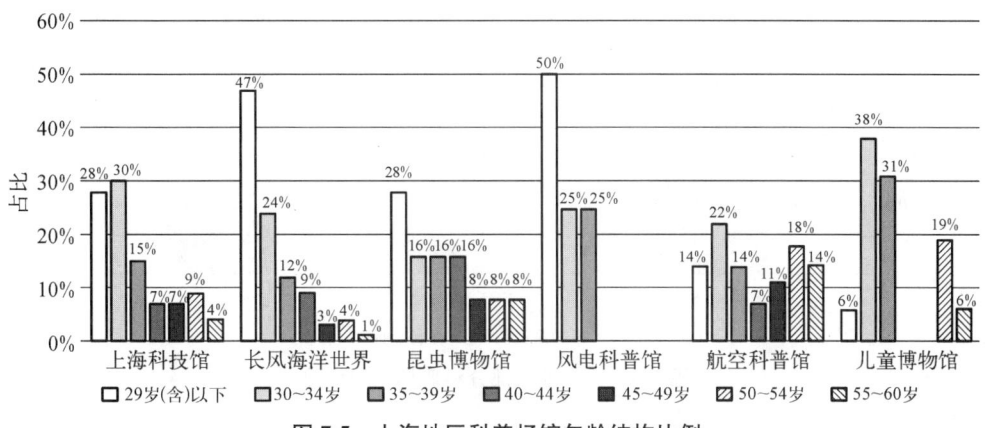

图 7.5　上海地区科普场馆年龄结构比例

（四）人员性别结构比例

在性别结构比例中，上海科技馆、航空科普馆、昆虫博物馆和长风海洋世界科普人员男女比例基本是 1∶1，儿童博物馆男女比例是 1∶2，风电科普馆男女比例是 1∶7，而 2016 年根据全国的统计，全国女性科普人员占科普人员总数比例为 38.60％。由此，可以看出上海地区部分科普场馆专业科普人员的性别结构比例相对比较均衡，个别场馆女性大大超过男性比例。

（五）基础设施

根据《中国科普统计年鉴（2017 年版）》，2016 年我国科学技术类博物馆平均建筑面积约 6 620 平方米，展示面积约 3 070 平方米。

示范性科普场馆中，超过全国平均水平的有 4 家科普场馆，分别是上海科技馆、航空科普馆、长风海洋世界和昆虫博物馆。上海科技馆建筑面积总共 18.326 3 万平方米（上海科技馆 10.000 6 万平方米，上海自然博物馆 4.525 7 万平方米，上海天文馆 3.8 万平方米），展示面积共 10.92 万平方米（上海科技馆 6.5 万平方米，上海自然博物馆 3.22 万平方米，上海天文馆 1.2 万平方米）。航空科普馆建筑面积 18 000 平方米，展示面积 12 000 平方米，长风海洋世界建筑面积 10 200 平方米、展示面积 8 600 平方米，昆虫博物馆建筑面积 8 000 平方米、展示面积 3 500 平方米。上海地区科普基础设施建设总体情况良好，具有一定竞争优势（图 7.6）。

综上分析，从具有中高级专业技术人员比例和本科以上学历结构比例看，昆虫博物馆、上海科技馆和儿童博物馆在专业生产要素方面的竞争优势比较强。从年龄结构比例看，风电科普馆、长风海洋世界和上海科技馆 29 岁以下的年轻科普员工占比较多，相对来说在活力、新思维等方面具有一定竞争优势。30～40 岁有实践经验、可持续并还能保持一定活力的科普员工比较多的是儿童博物馆、风电科普馆和上海科技馆。从性别角度看，科普场馆全部优于全国平均水平，高度重视女性从事科普工作，极大提升了上海地区女性的科学素养。从基础设施看，上海科技馆、航空科普馆、长风海洋世界和昆虫博物馆建筑面积和展示面积优于全国平均水平。总的来说，上海地区科普场馆专业生产要素和一般生产要素的竞争优势比较强。

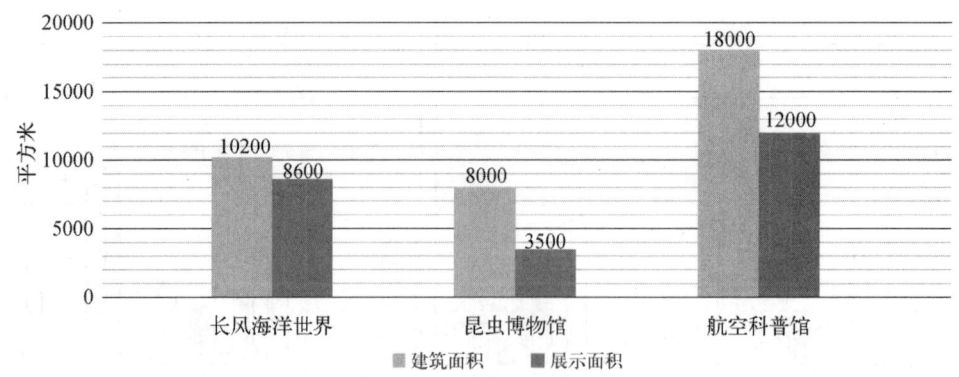

图 7.6 上海地区部分科普场馆面积图

二、从需求条件看

需求市场是产业发展的动力。

（一）年接待观众量

根据统计，上海科技馆 2017 年共接待观众 642.05 万人次，风电科普馆 2017 年共接待观众 4.6 万人次。除去上海科技馆和基础性科普基地，具有典型代表性的示范性科普场馆 2017 年接待观众量如图 7.7 所示，其中长风海洋世界年接待观众量最高，达到 102 万人次；其次是儿童博物馆，年接待观众 27.2 万人次；第三是昆虫博物馆，年接待观众 11 万人次。

综合评测，年接待观众量最高的三个科普场馆分别是上海科技馆、长风海洋世界和儿童博物馆。

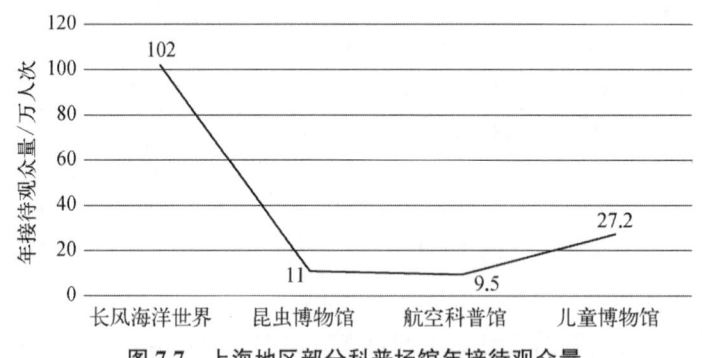

图 7.7 上海地区部分科普场馆年接待观众量

（二）官方媒体访问量

由于昆虫博物馆、航空科普馆和风电科普馆在以上方面的数据信息不全，同时量也偏低，因此，以新媒体和官方网站信息更新量和粉丝量最多的 3 家科普场馆——上海科技馆、长风海洋世界和儿童博物馆作为对比分析。

从微信发布数量看，2017 年发布数量最多的是上海科技馆，共 773 篇；其次是长风海洋世界，共 96 篇；第三是儿童博物馆，共 34 篇（图 7.8）。

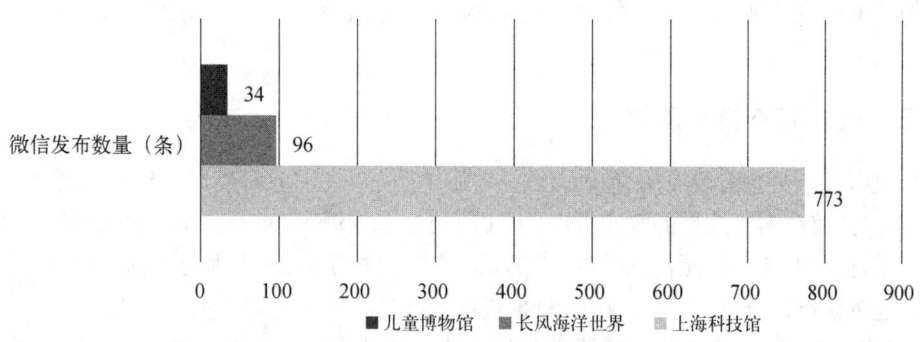

图 7.8　上海地区部分科普场馆微信年发布数量

从微信粉丝数量看,上海科技馆微信粉丝数量最多,为 686 249 人;其次是长风海洋世界,粉丝 100 000 人,第三是儿童博物馆,粉丝 18 692 人(图 7.9)。

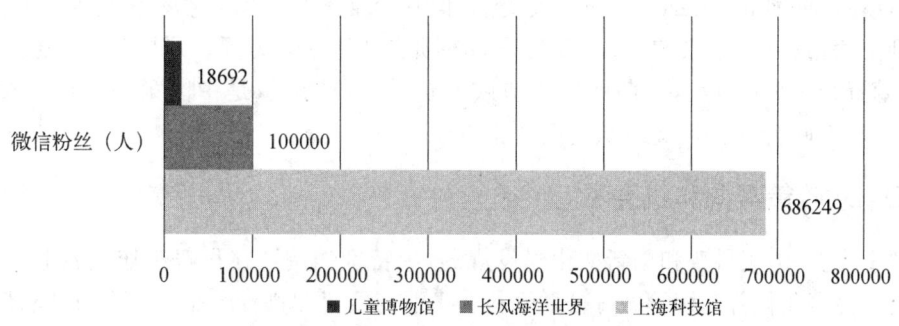

图 7.9　上海地区部分科普场馆微信粉丝量

从官方网站首页访问量看,2017 年访问量由高到低分别是上海科技馆 2 200 000 次、儿童博物馆 812 291 次和长风海洋世界 354 678 次(图 7.10)。

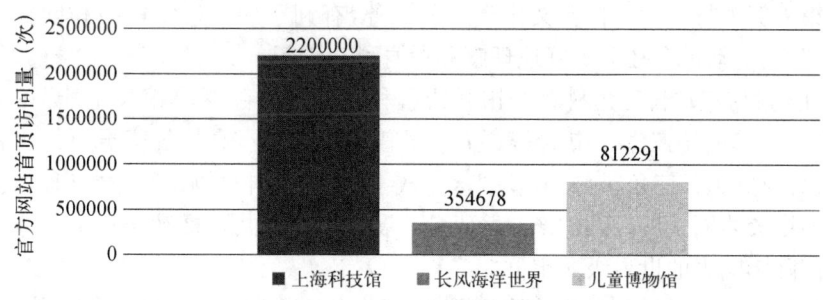

图 7.10　上海地区部分科普场馆官方网站首页访问量

综上评测,上海科技馆在新媒体和官方网站方面的信息更新速度非常快,同时粉丝也最多。长风海洋世界发布的微信信息数量 96 篇不如上海科技馆 773 篇,长风海洋世界微信粉丝 10 万人相比上海科技馆微信粉丝 68 万多人,可以说长风海洋世界平均一篇微信的粉丝量相对更多。

由此可见,从年接待观众量和官方媒体访问量来看,上海科技馆、长风海洋世界和儿童博物馆的受众需求动力是极强的。昆虫博物馆、航空科普馆和风电科普馆还需要努力扩大受众需求量。

三、从政府支持角度看

从政府投入资金看政府的支持力度。作为由上海市人民政府投资兴建的示范性科普场馆，上海科技馆获得了大量的政府资助，上海科技馆总投资17.55亿元人民币，其中土建安装8.55亿元，首期展项5亿元，二期展项4亿元。上海科技馆分馆（上海自然博物馆）总投资13亿元。上海科技馆分馆（上海天文馆）总投资约10亿元，其中土建投资5.28亿元。

其他示范性科普场馆和基础性科普基地获得的政府投入资金各有差异，例如，昆虫博物馆隶属于中国科学院上海生命科学研究院，属于研究性质的科普场馆，总投资2 000多万元人民币，市区政府投入300万元。航空博物馆是原上海航宇科普中心改造升级而成，因此建馆政府投入资金相对比较少，共621万元。长风海洋世界是国际品牌的科普场馆，是默林集团（Merlin Entertainment）投资的，但其经常参与各项公益教育事业，历年来多次得到上海市科委、市旅游局、市发改委的各项支持达375万元。风电科普馆隶属于企业，自筹资金1 400万元，二期展项改造政府资助100万元，是中国第一家风电类科普场馆，曾获得联合国教科文组织资助建馆。

四、从政策导向和机会看

《"十三五"国家科普和创新文化建设规划》中特别强调："在科普工作发展上，由重点开展公益性事业科普向统筹做好公益性科普事业与经营性科普产业转变……推动最新科技创新成果向科普产品的转化，支持科普展品（展教具）的研究开发，引导社会力量投身科普展教品研发工作。"

在《关于加快本市文化创意产业创新发展的若干意见》（简称"上海文创50条"）中，也提到要"深化跨界融合发展"，上海地区科普场馆如果乘势打造"文化＋科普"的产业格局，在科普场馆内努力打造优质科普文化产品和服务，有利于加快科学精神和创新价值的传播塑造，同时也能动员全社会更好地理解和投身科技创新。

2018上海科技节"长三角科普场馆联盟暨科普资源共建共享馆长论坛"在上海科技馆举行，来自沪苏浙皖三省一市的150余家科普场馆、企业、高校等盟员单位代表240余人参会，大会成立了长三角科普场馆联盟，达成了《长三角科普场馆联盟共识》，实现馆间、馆企、馆研、馆校协同发展，形成"产-学-研-用-展"一条链，共同推动长三角一体化发展和建设具有国际影响力的世界级城市群。

不管是国家层面对科普产业政策的推进，还是上海市政府对于"文创＋"创新实践，还是长三角科普场馆的联盟共识，以上对于上海地区科普场馆推进科普产业的发展是可遇而不可求的机会。

五、从相关产业及配套产业看

（一）科普内容方面

1. 科普出版　　学术研究能力和科普能力最强的是昆虫博物馆，其次是上海科技和长风海洋世界。昆虫博物馆2017年共出版昆虫专业书籍20多部，发布学术论文70多篇，其中SCI论文50多篇，发布科普文章50篇，撰写科普书籍6本。上海科技馆2016年共出版科普书籍21套，发布研究论文93篇，发布科普文章50篇，《科学教育与博物馆》出版6期，载文量达90篇。长风海洋世界2017年共出版科普书籍7套，发布研究论文93篇，发布科普文章9篇。

2. 科普影视　　上海科技馆和昆虫博物馆都尝试与影视公司合作拍摄专题系列纪录片，上海科技馆和航空科普馆也尝试与影视公司合作拍摄3D或4D影片。其他场馆全部依靠引进科普电影。上海科技馆自拍纪录片《海南坡鹿》《金毛羚牛》《黑颈鹤》《川金丝猴》等，自拍的4D电影《细菌大作战》受邀在泰国国家科技博览会展映，自拍的4D电影《熊猫滚滚》受邀到泰国、马来西亚、肯尼亚、埃及等国家的科普场馆放映。昆虫博物馆拍摄昆虫类纪录片《夏日虫鸣》等3部。航空科普馆2017年新增3D影片《漫游C919》。

（二）科普制造方面

1. 文创产品　　长风海洋世界和上海科技馆非常重视文创产品的开发。长风海洋世界投资480万，开发了"郑和下西洋"情景剧及"海底漫游""海洋科普任务包"等文创产品，得到了上海市文化创意优秀奖。上海科技馆2016年开发了"物候日记""掌上自然品鉴""鸟蛋系列""我的自然DIY"等文创产品，在实体店上架的文创产品销售共计2.2万件，实现营业额40.9万元，为临时展览"灭绝展"配套纪念品商店开发文创产品50款，自开幕后2个月共计实现营业额11.2万元。

2. 展项改造　　上海科技馆、长风海洋世界和儿童博物馆比较注重展项的更新或改造。2016年上海科技馆完成"相对论剧场"更新改造，保留幻影成像技术，采用4K全高清LED屏幕，引入"引力波""人工智能""黑洞"等知识热点，增加环境投影。长风海洋世界2017年改造了触摸池、海底直播、"郑和下西洋"长廊、艺术水族馆，添置了大量LED屏在每个展区前介绍生物的习性。儿童博物馆2017年以海洋、天空、城市为主题的常设展览，建成"读书乐"展区。

（三）科普服务方面

1. 科普临展　　昆虫博物馆、航空科普馆、上海科技馆自主策划展览的能力最强。昆虫博物馆2017年自主策划世界蝴蝶精品展、铁甲雄风展、昆虫与人类展、昆虫音乐会展、凝固的生命——琥珀展、飞天刀螂展。航空科普馆2017年自主策划纪念建军90周年、中国大型客机项目、蓝天下的辉煌、飞行时代的中国梦、航空科普知识展览。上海科技馆2016～2017年自主策划了"猿猴传奇"——生肖特展、"大地巨子"临展、"青出于蓝——青花瓷的起源、发展与交流"特展、"星空之境"天文主题展、"如何复活一只恐龙"临展，其中"青花瓷"特展走进乌兹别克斯坦巡展，"星空之境"天文主题展在泰国多地巡展，"如何复活一只恐龙"临展在国内巡展10站，遍及长三角地区、东北地区和新疆。其他科普场馆没有自主策划展览和办引进展。

2. 教育活动　　上海科技馆和航空科普馆在教育活动方面形式非常丰富。上海科技馆教育活动包括巴斯夫小小化学家、STEM科技馆奇妙日、达人带你狂、一起聊聊吧、自然放大镜、小小博物家、探索者联盟、"我的自然百宝箱——四季"系列活动等；赛事活动包括全国青年科普创新实验暨作品大赛、FIRST机器人中国公开赛全国总决赛暨国际邀请赛；论坛活动包括上海科普大讲坛、"科学+X"讲坛、绿螺讲堂。航空科普馆2017年教育活动包括萌萌机长养成记、静态比例模型工作室；赛事活动包括国际少儿航空绘画比赛、"航宇杯"静态比例模型比赛、上海市航空服务礼仪大赛、上海市航宇杯青少年无人机大赛、"飞行之星"模拟飞行比赛、闵行区新动力设计创作大赛；讲座活动如航空文化季讲座。

3. 科普培训　　上海科技馆科普培训形式比较多，昆虫博物馆科普培训更有针对性。上海科技馆2016年的科普培训包括馆校合作（校本课程、馆本课程、博老师研习会、青少年科学诠释者、实习研究员、一卡通工程）、馆企合作（引进乐高主题课程、合作开发"编程"和"肠道健康"主题课程）、馆际合作（牵头组建自然联盟）、培训比赛（第三届科普场馆科学教育项目展评活动）。昆虫博物馆2017年科普培训包括全国生物教师自然课程培训和上海市白蚁防治人员专业培训。

六、从战略结构和行业竞争来看

（一）战略结构

上海科技馆编制发布《上海科技馆"十三五"发展行动纲要》，明确了"十三五"期间重要战略发展目标。2020年，上海天文馆建设工程、上海科技馆更新改造工程全面完工，形成"三馆合一"的场馆基础。围绕体制机制、人才建设、国际化发展、科普产业等编制了11个方面的专项规划。长风海洋世界编制发布《上海长风海洋世界"十三五"发展行动纲要》，明确了"十三五"期间重要战略发展目标；2019年上海长风海洋世界将对原有白鲸表演馆再投资近5 000万元进行大改造，将打造为高科技另类的互动海洋产品。儿童博物馆根据3~10岁受众需求，围绕"一座试图影响儿童一生的博物馆"的战略目标，研发课程体系，丰富教育活动内容。

（二）行业竞争

上海科技馆2016年获得首批"全国研学旅游示范基地"称号，也是上海市唯一的一家。在美国国际主题公园及景点协会2018年发布的"全球最受欢迎的20家博物馆"榜单上，上海科技馆（含上海自然博物馆）排名全球第六，与中国国家博物馆一起连续三年上榜。长风海洋世界获得2017中国旅游景区C盘点创新服务类——智慧服务推荐案例、景区品牌类——主题乐园景区推荐案例提名，2017年度美团点评优选最受用户欢迎海洋馆，2017年上海旅游节花车巡游最佳制作奖。在上海市125家博物馆中，儿童博物馆2017年以3 702人次列宣传教育亮点工作的"学生教育和亲子活动参与人数排名"榜单第7位。上海科技馆、长风海洋世界和儿童博物馆在行业竞争中的优势是它们都有非常明确和高瞻远瞩的战略结构规划，战略影响力进一步彰显，内驱力进一步增强。

综上所述，根据波特钻石理论模型分析上海地区部分具有代表性的科普场馆产业竞争力的影响要素，可以清晰地看出不同类型的科普场馆在产业竞争中的优势与劣势。通过分析发现上海科技馆产业竞争力非常强，而作为专题性的科普场馆来说，儿童博物馆、长风海洋世界和昆虫博物馆的产业竞争力也非常强，不容小觑，航空科普馆和风电科普馆还需要进一步提升产业竞争力的影响要素（表7.2）。

表 7.2　上海地区部分科普场馆产业竞争力影响要素排行汇总

波特钻石理论模型影响要素	分类明细	第一	第二	第三
生产要素	专业技术人员比例	儿童博物馆	上海科技馆	昆虫博物馆
	研究生及以上人员学历结构比例	昆虫博物馆	儿童博物馆	上海科技馆
	基础设施	上海科技馆	航空科普馆	长风海洋世界
需求条件	年接待观众量	上海科技馆	长风海洋世界	儿童博物馆
	官方网站首页访问量	上海科技馆	儿童博物馆	长风海洋世界
政府支持	政府投入资金	上海科技馆	昆虫博物馆	—
相关产业及配套产业	科普出版	昆虫博物馆	上海科技馆	长风海洋世界
	科普影视	上海科技馆	昆虫博物馆	—
	文创产品	长风海洋世界	上海科技馆	—
	展项改造	上海科技馆	长风海洋世界	儿童博物馆
	科普临展	昆虫博物馆	航空科普馆	上海科技馆
	教育活动	上海科技馆	航空科普馆	—
	科普培训	上海科技馆	昆虫博物馆	—
战略结构和行业竞争	战略结构	上海科技馆	长风海洋世界	儿童博物馆
	行业竞争	上海科技馆	长风海洋世界	儿童博物馆

第三节　提升科普场馆产业竞争力的建议

一、促进科普场馆产业发展的供给侧

提升波特钻石理论模型生产要素的能级,需要充分运用专业生产要素,保证科普场馆的健康、可持续发展。如何保证科普场馆能够持续健康发展?

通过研究分析发现,昆虫博物馆在中高级专业技术人员比例方面占比56%,而硕士研究生及以上人员比例占比54%,由于该馆的专业生产要素比例非常高,也使得该馆在科普出版、科普影视、科普展览和科普培训方面有非常突出的表现。2017年,昆虫博物馆共出版昆虫专业书籍20多部,发布学术论文70多篇,其中SCI论文50多篇,发布科普文章50篇,撰写科普书籍6本;拍摄昆虫类纪录片3部;自主策划世界蝴蝶精品展、铁甲雄风展、昆虫与人类展、昆虫音乐会展、凝固的生命——琥珀展、飞天刀螂展;科普培训包括全国生物教师自然课程培训和上海市白蚁防治人员专业培训。

因此,科普场馆要提高产业竞争力,一方面只有提升自身专业生产要素,才能有效促进研发和创新,提升科普产品的质量和供给,为公众提供更多更好的优质科普产品和服务,从而促进科学素质提升和国家科普能力建设;另一方面,科普场馆可以搭建科普产品的展示交易平台,整合现有相关资源,打造集科普创意、出版、影视、展览、论坛、培训、评奖为一体,促进科普场馆产业发展的供给侧。

二、激发公众科普消费的需求侧

波特钻石理论模型要素之一就是"需求条件",这是产业发展的动力。科普产业发展的原动力在于公众对于科普的需求。没有需求,就没有科普产业发展的意义。如何真正激发公众对于科普产业的消费需求?

通过研究分析发现上海科技馆在刺激受众需求方面值得其他科普场馆学习,上海科技馆 2017 年共接待观众 642.05 万人次,并获得首批"全国研学旅游示范基地"称号,也是上海市唯一一家;在美国国际主题公园及景点协会 2018 年发布的"全球最受欢迎的 20 家博物馆"榜单上,上海科技馆(含上海自然博物馆)排名全球第六,与中国国家博物馆一起连续三年上榜。上海科技馆通过馆校合作、馆企合作、馆际合作、培训比赛,开展形式多样的教育活动,不但培养学生,也培训教师,引导他们利用科普场馆资源进行教学。为了刺激受众持久性需求,发挥"长尾效应",上海科技馆 2017 年微信发布的数量达到 773 条,微信粉丝数量 68 万多人,官方网站首页一年的访问量达到 220 万次以上。

因此,科普场馆要提升产业竞争力,一方面可以通过举办各种"科普+"活动,让其他行业,如金融、文化、医疗、旅游、教育等也能参与其中,针对不同的需求受众提供分层次、可定制化的科普产品消费;另一方面,充分挖掘"互联网+"的功能,利用新媒体传播快速、互动性强等特点,及时公布最新展览、最新科学热点信息,激发公众对于科学的热情,从而拉动科普产业消费的需求侧。

三、构建科普场馆产业发展的 PPP 模式

波特钻石理论模型结构的一个显著特点,就是"要素"之间的双向互动,要素之间如果能实现良性互动,将发挥波特钻石理论模型的结构效应,科普场馆如何发挥模型的结构效应,向公众提供优质的科普产品,提升科普场馆产业发展的竞争力?答案:PPP模式。

从 2014 年至今,国务院、国家发改委、财政部等大力推行 PPP 模式。PPP 模式(Public Private Partnership,PPP)即政府和社会资本合作,基于提供产品和服务出发点,达成特许权协议,形成"利益共享、风险共担、全程合作"合作伙伴关系,是公共基础设施中的一种项目运作模式。

科普场馆的可持续发展离不开科普内容的创作、展品的研发制造、科普服务的供给,这些纯粹依靠科普场馆内部在编人员的力量是很难完成的,示范性科普场馆和基础性科普基地不是每一个都可以获得政府大量的资金投入的,在本次研究分析中,可以发现风电科普馆和航空科普馆的产业竞争力相对较弱,政府投入这些场馆的资金也比较少,类似这些政府投入资金比较少的科普场馆,提升科普场馆的产业竞争力,可以采取 PPP 模式,通过"授权",向社会力量购买相关服务作为补充,分割配给产权要素,包括图像和著作授权、品牌授权、合作开发三种授权方式,让特许企业获得项目的经营权和收益权,免除或减少了财政资金投入,实现科普产品的研发设计销售,完善了科普产业链,更好地满足公众的需求,从而有效推动科普场馆产业发展和产业竞争力的提升。

运用波特钻石理论模型对上海地区不同类型科普场馆产业竞争力的分析,给我国其

他科普场馆提升自身产业竞争力指明了方向,有助于科普场馆注重专业人才的培养,重视科普图书、期刊、影视、文创产品、展项、展览、教育课件的设计研发,盘活科普场馆现有展品、藏品、智力、设施等有形和无形资源,让社会不同参与者聚集在一个特定的主题和目的上,形成科普产业的集聚,极大地丰富科普产品的供给,并提供优质的科普服务,满足公众的多样化需求,助力科普文化事业进一步繁荣。

第四篇

全国科普产业调查分析

第八章 基于全国科普统计调查的定量分析

科普作为一种刚刚兴起的产业,亟须开展产业调查。新兴产业的一个重要来源是社会公益事业产业化。在我国,科普多被视为社会公益事业,但随着信息技术的发展、公众消费观念转变、政府政策支持力度增强等因素综合影响,以科普旅游、科普影视、科普游戏等为具体形态的科普产业快速发展,极大地丰富了科普产品和服务市场,部分满足了人民日益增长的科普产品和服务需求。开展科普产业统计调查以及相关产业分析,可以对我国科普产业能力发展现状和水平形成一个较为客观、系统的整体性判断,从而为政府制定科普产业政策、促进科普产业发展提供支撑。

国内目前非常缺乏对科普产业整体情况的相关调查。政府推进的科普领域权威调查,只有科技部主导的"全国科普统计"和中国科协系统的相关统计数据,但是这些统计中都缺乏科普产业相关指标的设计。中国科普研究所利用现有的行业统计资料、网上搜索分析、重点调查、科学推算等办法,对参加安徽省科普博览会、京津冀科普资源对接会和上海科普博览会的各类企业进行筛选后作为分析对象,初步统计表明,目前我国科普产业的产值规模大约有1 000亿元左右,主营科普的企业数量有375家左右,尚不够全面。任福军、任伟宏、刘广斌等对科普产业统计指标体系和框架进行了研究,但都停留在设计阶段,缺少实际操作。国内学者们关于科普产业的研究主要集中在科普产业界定与统计分类、科普产业功能特征、科普产业政策体系及科普产业运作机制等四个方面进行。

第一节 统计框架与现状的分析

一、中国科普产业统计框架

进行科普统计调查框架设计,首先要明确科普产业的范围。科普产业在政策文件中最早出现在1999年,由科技部等八部委在1999年12月联合印发的《2000—2005年科学技术普及工作纲要》第10条提出:"积极探索按照社会主义市场经济办法推动科普事业发展的有效途径。对通用科普设施、装备、展品的研制活动,可率先按市场机制运行。在制定和实施《科普网络建设行动计划》中,把研究开发以科普教育为内容的计算机软件作为重点之一,制作优秀的科普多媒体作品,在为大众传媒开展科普活动提供强有力支持的同时,形成科普产业的新增长点。"此后,各部委、地方均出台了一系列与科普产业相关的政策法规,并对科普产业的范围进行了不同的界定(表8.1)。

表 8.1 主要科普政策对科普产业范围的界定

序号	政策名称	对科普产业范围的界定
1	《2000—2005年科学技术普及工作纲要》	科普设施、装备、展品的研制活动 科普教育、科普传媒
2	《全民科学素质行动计划纲要实施方案(2011—2015年)》	科普出版、科普旅游馆(园)、科普展览展品开发制作、科普玩具、科普教育与科普游戏软件、营利性科普网络
3	《国家科学技术普及"十二五"专项规划》	科普展教品、科普图书出版、科普影视、科普动漫、科普玩具、科普游戏、科普旅游
4	《"十三五"国家科普和创新文化建设规划》	科普展览、科技教育、科普展教品、科普影视、科普书刊、科普音像电子出版物、科普玩具、科普旅游、科普网络与信息
5	《"十三五"国家科技创新规划》	科普展览、科普展教品、科普图书、科普影视、科普玩具、科普旅游、科普网络与信息

研究人员的科普产业范围界定与政策文本很相近。劳汉生根据科普文化产品的公共性与非公共性,将科普文化产业划分为公益性科普文化产业领域、准公益性科普文化产业领域和商业性科普文化产业领域。任福君等结合国民经济分类中文化产业的分类,依据科普产业的核心产品形态,将科普产业分为四大类。李黎等从产业内容、机制和目的等方面,从与科普事业相对应的角度界定了科普产业。王康友等从现状调查出发,认为现阶段发展较快且有一定规模的业态有:科普展教、科普出版、科普影视、科普网络信息、科普教育等。

以全国科普统计调查为基本框架,获取科普产业数据。全国科普统计始于2004年,由中国科学技术信息研究所具体实施。在2017年度的调查中,新增了科普产品和科普服务方面的指标。调查中科普产业的范围包括科普产品、科普出版、科普影视、科普游戏、科普旅游和其他,主要从营业额的角度进行统计。配合调查中原有的科普人员、科普场地、科普经费、科普传媒、科普活动及创新创业中的科普等指标,可以一窥填报单位的科普全貌。以后,将逐渐把增加值、就业人数和出口额等指标纳入统计调查范围。

因调查范围的限制,获取的数据有限,只能管窥科普产业的发展。2017年,共有525家调查单位填报了科普产业相关数据,本章即以这些单位为分析对象。因为全国科普统计的调查对象主要是国家机关、社会团体和企事业单位等机构和组织,所以填报的企业数量并不多,而且很多填报单位对科普产业了解很少,即使有相关技术、服务或产品,也可能并未填报数据。下面的分析主要是针对这525家单位的数据对国内科普产业发展进行分析。

二、中国科普产业现状分析

(一)处于萌芽状态的新兴产业

我国科普产业处于产业发展的萌芽阶段。每个产业都有产生、发展和衰退的过程,即产业生命周期,一般可划分为四个阶段,即萌芽期、成长期、成熟期和衰退期。产业萌芽的主要标志有两个:一是新产品或服务的出现,而这种产品和服务具有广阔的发展前景和庞大的市场潜力;二是独立从事此种产品或服务的机构开始出现。从2017年度全国科普统计数据看,各类科普活动参加人数共计7.71亿人次,比2016年增长6.30%,这是一个非常广阔的市场。而且科普场馆、科普传媒中的科普专业机构已经发展成熟,2017年全国科技馆488个,科学技术类博物馆951个,参观人次分别为6 301.75万和1.42亿。全国共出版科普图书1.41万种,总印数1.12亿册。2 570个科普网站共发布各类文章136.71万篇,发布科普视频4.97万个,网站累计访问量达到9.21亿人次。2 065个科普类微博发布各类文章66.45万篇,阅读量达到44.09亿次。5 488个科普类微信公众号发布各类文章87.49万篇,阅读量达到6.94亿次。科普产业的逐步形成与中国科普事业的壮大发展密不可分。

科普产业表现出产业萌芽期的几个主要特点如下。

一是相关企业或机构数量少。525家调查单位只占全国6.53万家填报单位总量的0.80%。525家单位中,企业有318家,占总数的60.57%,其他是一些科研机构、非营利性机构及政府机关。

二是营业额低,产品单一。科普产业的营业额累计只有97.59亿元。而且科普影视、科普游戏和其他科普收入还很不成形,三者累计也才占3%的比例(图8.1)。

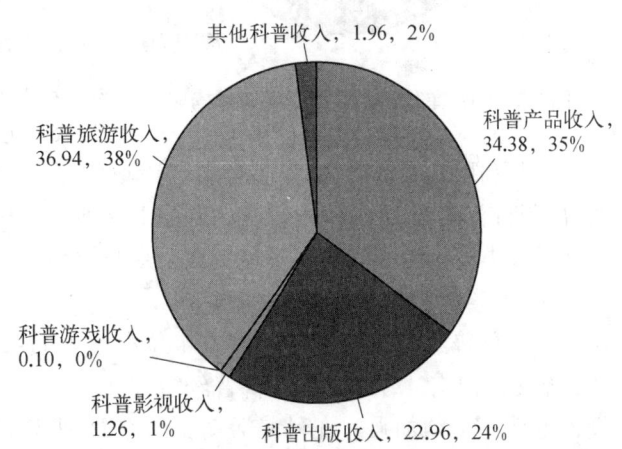

图8.1 科普产业营业额构成

三是对原有产业仍有很强的依附关系,没有形成独立的产业体系。在科普产业的构成中,科普产品收入34.38亿元,占35%。应该说这是科普产业的支柱,属于科普属性最强的产业内容,但占比较低。另外三分之二,还需要靠属于文化产业的科普出版,以及属于旅游产业的科普旅游来支撑,文化产业和旅游产业可以看作是科普产业的母体产业,科普产业仍需从母体产业汲取营养。

四是产业的带动效应还很小。525家单位共有科普专职人员8 127人,占全国总数的3.58%;兼职人员3.25万人,占全国总数的2.07%;注册科普志愿者9.8万人,占全国总数的4.34%;科普创作人员1 327人,占全国总数的8.90%。这样的人员数量,仍然很难支撑成熟产业的发展。

五是缺少在消费者中知名的企业和产品。科普产业的填报单位中,大多是科技型小企业或科研生产综合体。除了几家特大型科技馆外,其他单位都缺少社会曝光度,知名度较低,产品也还处于改进和完善之中,产量较小。

(二)公益性与市场化逐步融合

科普产业脱胎于科普事业,虽然逐步在向产业化发展,但是仍然兼顾了很多公益性的科普事业特征。

一是政府资金仍然是调查单位的主要科普经费来源。调查单位共筹集科普经费

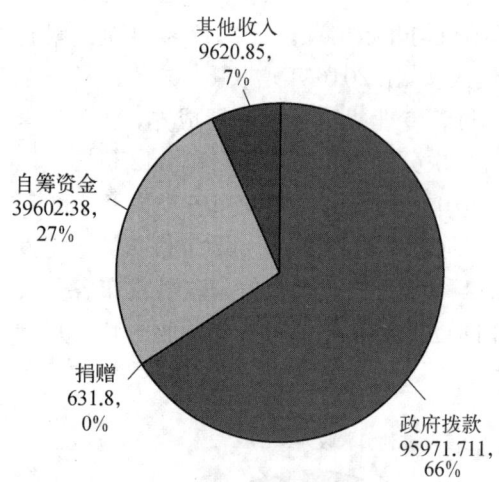

图 8.2 调查单位的科普经费筹集额构成

14.58 亿元,政府拨款 9.60 亿元,占 65.84%。虽然比全国科普经费中 76.82% 为政府拨款已经有所降低,但仍需要依靠政府的资助来开展相关科普活动(图 8.2)。

二是这些单位面向社会开展了很多公益性活动。调查单位共举办科普讲座 2.1 万次,407 万人次参加;专题展览 2 074 次,1 637 万人次参加;科普竞赛 1 074 次,371 万人次参加;科技活动周期间举办科普专题活动 3 108 次,473 万人次参加;科技夏冬令营 1 763 次,25 万人次参加;技术培训 1 000 次,131 万人次参加。这些活动成为全国科普活动的重要组成部分。

三是利用相关资源,取得了公益与市场的平衡。调查单位共发行科普图书 1 822 万册,出版科普期刊 161 种,发行音像制品 176 种,科普(技)类光盘发行 36 万张。70 家科技馆和科技类博物馆平均一年中免费向公众开放约半年时间。

(三) 各类投入要素有待加强

一是科普经费投入不足。调查单位科普经费投入累计 14.58 亿元,平均每家单位 278 万元。但有 42% 的单位,科普经费在 10 万元以下。如果以科普为主业,则在科普投入方面还亟须加强。在科普活动支出方面,平均每家单位 130 万元,也还有很大的增长空间。

二是科普人员投入亟须加强。调查单位共有专职科普人员 8 127 人,平均每家单位 16 人,但 31% 的单位没有科普人员。科普创作人员共有 1 327 人,平均每家单位 2.5 人,但 62% 的单位没有科普创作人员,科普创作人员类似科技型企业中的研发人员,没有研发人员的企业,很难称为科技型企业。科普志愿者 9.79 万人,平均每家单位 186 人,但 66% 的单位没有科普志愿者。

第二节 产业发展中的瓶颈问题

虽然中国科普产业已经开始起步,但是仍然存在着很多不确定性和不稳定因素,在产业规模、产业机构、市场化程度、主体活跃程度方面都存在着很多问题,正视并解决这些问题,科普产业才能尽快进入到产业成长期。

一、产业规模偏小

各地区的产业规模都比较小。全国科普产业营业额较小,只有 97.59 亿元,同时也缺乏表现突出的地区,河北、北京和上海是表现相对突出的地区,但是也都在 10 亿~30 亿元的营业规模(图 8.3)。

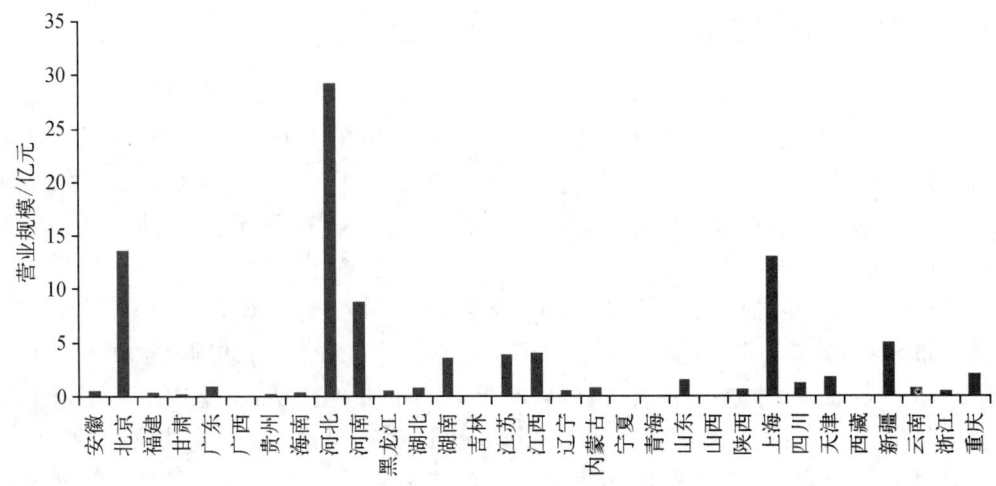

图 8.3　2017 年各地区科普产业营业规模

从调查单位的层级来看,省级和区县级单位的营业规模较为突出,区县级单位虽然数量最大,但整体营业规模仍有很大提升空间。目前省级单位的规模最大,将来也有很大的发展空间。从科技馆和科技类博物馆来说,大部分特大型和大型场馆都是省级科技馆(图 8.4)。

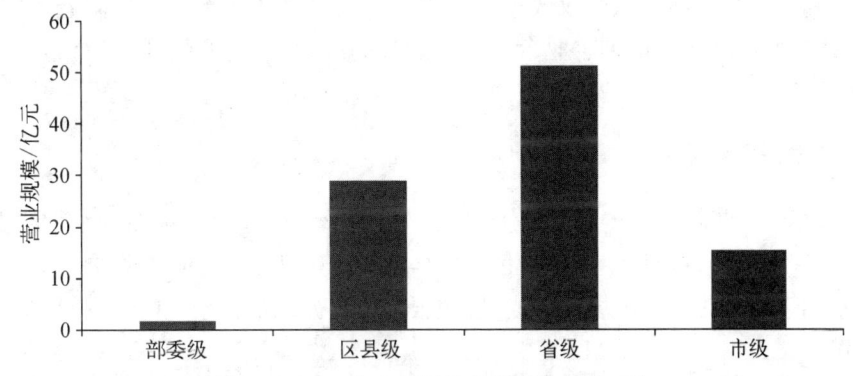

图 8.4　2017 年各层级单位的营业规模对比

二、产业上下游缺乏有效的衔接

科普产业还没有形成高等院校、科研机构、企业、政府及中介服务机构共同参与创新活动、多主体相互关联作用的创新网络。企业还没成为科普创新活动的核心,起到承载创新成果产品化和市场化的作用。高等院校与科研机构、企业的互动较少,没有成为科普企业创新的源头之水。科普中介机构大多还处于"自己玩"的状态,桥梁作用不足。

参与企业间上下游产业链缺乏有效衔接和延伸。在与文化、旅游等产业整合方面能力欠缺,技术开发的水平有限,在核心产品的价值链上无法获得相应的市场空间。以部分地区的科普基础设施的建设为例,在科普设施的配置中并没有将文化内涵充分包括进去,造成对游客吸引力不足。

三、市场化水平较低

一是产品单一,缺乏精品和特色。很多科普产品走向市场前缺乏有效的设计,也缺乏有效的政策支持和资金扶持,能够与文化、旅游、教育相结合的产品的生产和开发非常不足,使得科普市场的产品结构单一,特色和创新不足。由于雷同广泛存在,很难激发起消费者多次消费的欲望,很多产品的生命周期也较为短暂。一些高端产品项目仍然缺少,难以满足市场需求。

二是市场化不足,使得很多网络科普产品很难市场化变现。2017 年,2 570 个科普网站共发布各类文章 136.71 万篇,发布科普视频 4.97 万个,网站累计访问量达到 9.21 亿人次。2 065 个科普类微博发布各类文章 66.45 万篇,阅读量达到 44.09 亿次。5 488 个科普类微信公众号发布各类文章 87.49 万篇,阅读量达到 6.94 亿次。虽然各类文章的阅读量都已经很大,但是由于科普类微信、微博和网站的特殊性,一旦进行流量变现,很可能会伤害文章内容的严肃性和公正性,对整个系统形成负反馈。以微信公众号为例,微信公众号可以实现用户主动关注、主动传播、主动反馈的完整机制,一些公众号和大 V,早已经实现了"造富"。中国科学院物理研究所的微信公众号,2018 年发文 1 403 篇,共有 1 835 万阅读量,18 万点赞数,但起到的还是院所宣传与科学传播的作用。

三是政策对市场保护不够。因为科普产业具有明显的创意产业特征,很多原创性的技术、产品和服务都急需知识产权政策的保护。目前科普产业新产品所附着的知识和技术,经常被复制和模仿,对原创企业带来难以忽视的影响。这种"搭便车"行为,反过来伤害的是整个产业,降低了科普产业发展的活力与动力,影响了产业的长远发展。

四、主体不活跃

一是缺少营业规模较大的活跃企业。大部分企业的营业规模都在低水平线上重复,只有少数几家企业的营业规模高于 5 亿。这样就很难带动整个产业的发展。大型企业的缺乏,也不利于精细化分工市场的形成,造成很多产业分工都在企业内部进行(图 8.5)。

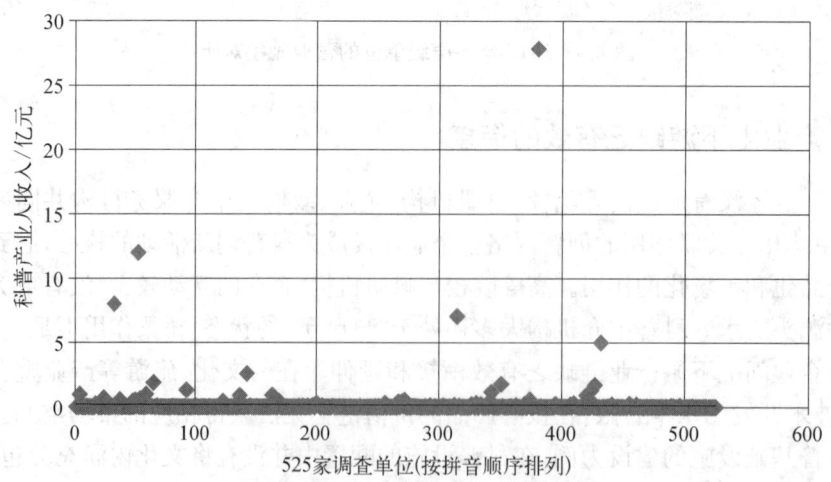

图 8.5　调查单位营业规模分布散点图

二是没有形成产业集群和合理的产业空间布局。企业的成长与分工程度密切相关相关,只有分工不断细化和自我衍生,才会有新的企业出现。在一定的数量之上,分工类似的企业会聚集在一起,壮大新兴产业。全国各个省份,没有科普产业市场主体特别活跃的地区,除上海、北京略显突出外,基本都处于市场主体数量较少的状态,这样很难形成产业集聚。产业集聚形成后,政府可以更好地对产业集中管理、让政策更好落实、发挥产业发展的集群效应(图 8.6)。

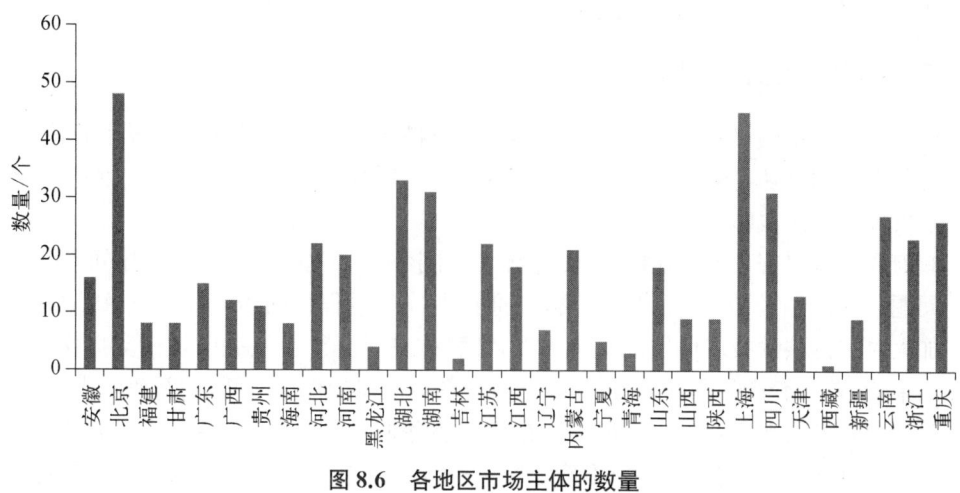

图 8.6　各地区市场主体的数量

第三节　科普产业发展培育建议

一、参考国内外先进经验,设计完善的科普产业统计框架

科普产业属于新兴产业,尚没有清晰的分类标准和界定范围,在各国的统计分类标准中也没有单独的"科普产业",而是分散于各个传统产业中。目前急需将分散于各传统产业中的科普产品、技术和服务的相关统计数据进行整合,提出科普产业调查的相关标准和框架。

可以学习和借鉴国内外环保产业统计实践,建立系统的科普产业统计体系,掌握中国科普产业发展的真实状况。环境产品与服务部门(EGSS)统计框架是由欧盟统计署研究制定的、用于收集和整理环境产品与服务相关统计数据的方法,对科普产业调查框架设计具有很强的参考意义。EGSS 统计框架将环境产品与服务部门按照环境领域划分为 9 类"环境保护型"活动和 7 类"资源管理型"活动。企业和政府是 EGSS 统计框架中明确的生产环境产品与服务的两类生产商。由生产商生产出来的产品、技术和服务,根据其属性分为特定环境服务、环境关联服务、关联产品和集成技术。对于每一项产品、技术和服务,又可以对应到传统的行业分类中。统计指标分为营业额、增加值、就业人数和出口额四项。

我国科普产业统计可以分三阶段学习 EGSS 统计框架,同时做好配套的保障措施和能力建设。第一阶段可根据公开的统计数据和中国科普统计的数据,初步核算核心科普产品与服务的经济指标。其中,核心的科普产品与服务指的是科普活动中的科普特定和关联服务、关联产品。第二阶段可重点针对常规统计口径和科普产业调查中无法识别的部分,进行补充调查。调查的重点领域包括科普活动的关联产品和集成技术。可选取科普产业发展较好、产业结构较为完整的典型地区进行调研,通过实地访谈和发放调查问卷,广泛识别相关生产商和产品类别,并通过补充抽样调查,对科普产业调查的数据和常规统计口径的数据进行补充。第三阶段可结合前两个阶段的研究成果,制定较为完整的科普产品与服务产品目录,研究建立完善的、常规化的科普产业统计制度。

二、提升产业培育环境

科普产业环境的培育需要政府抓总体规划。科普产业很多来自公共事业的转化,与政府的关系天然密切,作为萌芽期的新兴产业,也需要政府创造良好的产业环境,确定科普产业发展的宏观战略。

政府要降低科普产业发展的环境复杂性。科学分析科普产业发展过程中可能出现的各种问题,把握产业发展的规律和节奏,打通产业成长过程中的痛点和堵点,破除各类障碍。加大对关键共性技术研发的支持力度,让科技在科普产业发展中发挥支撑作用。通过政府采购、首台套产品采购等方式,扩充科普产业发展的市场空间,创新商业模式。

政府要降低科普企业的生存风险。在产业萌芽期,一般来说都会经历企业数量减少的阶段,因为面临众多的产业环境不确定性,一些企业会选择退出。政府则需要降低这种不确定性,特别是鼓励中小企业的创新成果应用。首先为中小科普企业营造宽松的投融资环境,激发风险投资机构对科普产业的投资热情。其次是降低资金风险,在财政、税收政策上给出相对更优惠的政策。例如,《杭州市科学技术普及条例》第三十四条提道:"市和区、县(市)人民政府依法对科普事业实行税收优惠,鼓励境内外的社会组织和个人通过捐赠财产、设立科普基金等形式资助科普事业。捐赠财产资助科普事业的社会组织和个人享有《中华人民共和国公益事业捐赠法》规定的各项权益。"这比原来出台的科普税收优惠政策前进了一大步,如果实施得好,必将带来社会资金的大量进入。政府也可以通过设立专项基金,给予企业经费支持。只有政府给予科普企业稳定的经济和技术支持,才能更好地促进社会资金进入的信心。

政府要积极打击盗版行为,减少科普市场中的仿冒行为。只有成熟的知识产权制度,才能让企业在进入科普产业后快速积累市场垄断期的利润,为后续发展提供良好的资金基础,收回前期投入的资金和资源,形成科普市场的良性循环。科普产业与创意产业具有很强的相关性,好的创意有时候可以创造一个新的市场,如果不能制止仿冒行为,最后伤害的是整个产业。

三、引导消费构建合理的需求市场

社会公众的科普需求近年来快速增长。从各类科普活动的观众参与数量、科普场馆的观众参观数量都可以看出,每年的平均增长速度都在10%以上。医疗保健、科学新知都是社会各年龄段人员非常关注的话题。随着社会公众科学素质的提升,以及国家科普供给能力的提高,全社会的科普需求会被进一步激发。另外,我国网络及移动互联网络的普及，为网络科普信息的发展奠定了良好的基础，8.17亿的移动互联网用户规模全球最庞大，为用户接收科普信息提供了良好的基础。

科普产业的成长需要运用新的商业模式，引导和培育新的主流性消费，将重大的潜在社会需求演变为巨大的现实市场空间。需求并不代表市场，要把需求转化为市场，除了各种营销手段，还是要有能够贴近公众需求的技术工具和接地气的创新产品。科普产业市场开拓需要以"酷文化"来开路，在产业萌芽期，先行进入的消费者肯定是少数人，这些也是领导型消费者。大量的普通消费者仍处于判断和观望中，因此急需以酷文化来树立先行消费者的风头，创立和运用新的商业模式，提高新技术、新产品的市场认同度，引导和培育新的主流性消费，将重大的潜在需求有效转变为巨大的现实市场空间，促进更多成果实现产业化，促进科普产业的成长和成熟。

必要的营销手段可以树立合理的消费观念。借力于科技的进步和信息的高速发展，现代的营销手段和宣传方式丰富多样。在这一阶段，政府、科普企业、文化企业应该根据所要宣传的产品的特性选择不同的宣传方式，只有这样，才能更好地达到预期宣传的效果。

四、扩充产业主体规模、构建深层合作关系

培育旗舰企业，打造精品和品牌。在中小企业发展后，要尽快培育出一些旗舰企业，这些企业的社会放大效应有助于整个产业的快速发展。新产品的市场核心竞争力体现在品牌效应上。品牌提升后，才能带来高附加值的积累，让更多资本见到效益。科普产品首先要具有特色。特色是创新的基础。新型产品只有具备特色才能拥有吸引力，进而获得占领市场的先机。然后要形成系列产品。企业在打造精品的同时，可以通过优化自身产业机构，以精品带动其他，打造出新颖、丰富的产品系列，以期在市场竞争中获得有力的地位。

建立企业间深层次的合作关系。科普产业融合发展的过程，使得原有的价值链和产业链发生了变化，通过重组实现了新产品的创造。企业间价值链的重组、业务的整合，才能带来创新性产品。良好的合作关系是技术、业务及市场的融合的开端。

建立科普产业园区，促进科普产业的集聚发展。科技产业园区是各国发展新兴产业的必由之路，硅谷、中关村等一批科技产业园区，为区域创新体系的建设和战略性新兴产业的培育和发展提供了成功经验。借助于产业集群，利用已经设计好的新型产品系列不断实现产品空间布局的优化，最终形成独具一格的产品和服务。例如，可以将闲置的工业厂房打造成创意科普园区，如北京首钢集团搬迁后，钢铁工业的建筑和生产线都是很好的工业遗产，结合创意产业开发后，可以形成一批天然的科普产业园区。

第九章 基于2019年全国科普产业数据调查的分析

2016年5月30日,习近平总书记在"科技三会"强调:"科技创新、科学普及是实现创新发展的两翼,要把科学普及放在与科技创新同等重要的位置。"2017年10月18日,党的十九大提出的一项新时代新要求就是"弘扬科学精神,普及科学知识"。习总书记的这两番讲话都诠释了科学普及的重要性,科普产业必将在中国特色社会主义道路上发挥巨大作用。

据我国公民科学素质调查结果显示,2018年我国具备科学素质的公民比例达8.47%,比2015年的6.2%提高了2.27个百分点。科普产业健康发展,能够大幅提升科普产品和服务供给能力,有效支撑科普事业发展。然而科普产业统计调查目前数量鲜有,统计制度方法与蓬勃发展的科普产业不配套,不能全面反映经济社会建设成果。近年来,随着统计体制改革不断深化,产业数据统计对统计创新和统计能力建设提出了新的更高要求。探索建立科普产业统计调查制度,充分反映科普产业发展成果,促进科普产业健康发展,是摆在科普理论和实践工作者面前亟待解决的新挑战。

第一节 分类界定与数据收集依据

一、科普产业分类界定

科普产业分类是科普产业的发展进程中的奠基者,合理的科普产业分类体系可以为我国科普产业数据的收集指明方向,为科普产业的发展加油助力。现如今不同学者根据自己对科普的理解创造了不同的科普分类体系,如周建强等按照现有的科普企业及科普产品种类,将科普产业分为科普展教、科普出版、科普教育、科普玩具、科普旅游、科普网络与信息六种业态;任福君等以科普产品和科普服务为主要依据,将科普产业的主要业态分为科普展教品业、科普出版业、科普动漫业、科普影视业、科普游戏业、科普玩具业和科普旅游业七大类。任福君等在科普产业的统计分类中也曾提到,按照产品法统计准确,但统计难度较大,按照行业法进行统计,简便易行,但准确性稍差,因此,本章出于综合考虑决定将科普产业按照服务类别和所属行业两种维度进行分析,以增强分类的准确性。

(一)服务类别分类界定

本章在按照科普产业提供的服务对象进行分类时,根据全国科普服务标准化技术委员会提出的最新分类标准,将科普产业分为科普基础设施服务、综合科普活动服务、科普教育服务、科普媒体传播服务和科普发展支撑服务五种业态,具体内容见表9.1。

表 9.1 科普产业服务类别分类体系

类 别	说 明	细 分
科普基础设施服务	是指在各类科技馆、科学中心、科普活动站、科普画廊、科普基地等场所开展科普活动提供的服务	(1) 科普基础设施建设和维护服务 (2) 科普展品设计和供给服务 (3) 科普场所讲解、导览服务 (4) 科普场所管理服务
综合科普活动服务	是指集中纸质、电子等各类科普作品,面向大众的宣讲、培训、展示等各类活动形式的综合性科普活动服务,如科技周、科普日、科技节等专门性的大型综合性全民科普活动	(1) 科普活动策划和设计服务 (2) 科普活动管理服务 (3) 科普活动导览和讲解服务
科普教育服务	是指通过以学生主动探索为中心的课程活动设计、引入业界广泛应用的软硬件平台,以及参与工程挑战竞赛活动,激发孩子们对科技的兴趣,帮助他们广泛地接触科技知识,掌握常用工程工具的使用方法,训练工程思维,培养其勇于接受工程挑战、主动学习,以及综合运用知识解决问题的能力	(1) 科普教育课程建设服务 (2) 科普教育资源供给服务 (3) 科普教育过程管理服务
科普媒体传播服务	是指利用书、报、刊、影视、视频、文艺作品、演出等传统媒体,以及科普网站、科普自媒体、科普手机报等新兴媒体技术进行的科普作品传播服务	(1) 科普内容创作服务 (2) 科普作品生产制作服务 (3) 科普作品传播渠道建设和运维服务 (4) 科普信息化服务
科普发展支撑服务	是指为保障科普工作的顺利开展和进一步发展所从事的理论知识、实践规律、调查研究、监测评估、信息提供等活动	(1) 科普研究服务 (2) 公民科学素质监测评估服务 (3) 科普效果评估服务 (4) 科普信息服务

(二)所属行业分类界定

本章对科普企业所属行业进行分类时,是按照《财富中国》根据发达国家的行业界定与行业演变规则对中国的行业进行分类形成的《中国国民经济行业分类与代码》而进行分类的。

二、科普产业所属行业与服务类别关系

要搞清楚行业、科普产业和科普服务的关系,就需要先厘清行业、产业和服务的概念。行业是指从事国民经济中同性质的生产或其他经济社会的经营单位或者个体的组织结构体系的详细划分,产业是指由利益相互联系的、具有不同分工的、由各个相关行业所组成的业态总称,服务是个人或社会组织为消费者直接或凭借某种工具、设备、设施和媒体等所做的工作或进行的一种经济活动。因而科普产业是从属于社会整个大的行业的,整个行业中也会有很多不同的行业与科普相互融合,科普产业按照服务对象可分为五种业态服务,而其他行业可以为科普产业提供这些服务,三者关系如图9.1所示。

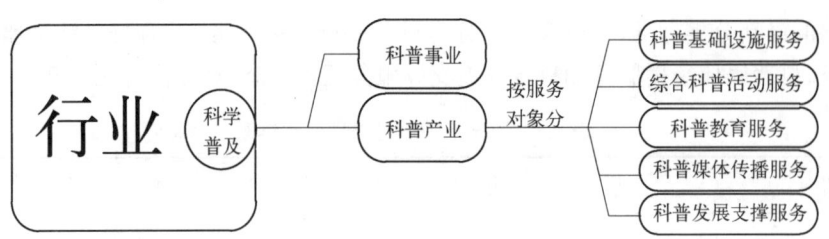

图 9.1　科普产业所属行业与服务类别关系图

三、调研数据来源

根据 2019 年的科普产业分类,本章数据来源有以下几个方面:

(1) 2018 年之前原有的企业的再追踪,对原有 620 家企业进行再度核验。

(2) 参加各个科博会、软博会、京津冀科普资源对接会上新增的企业。

(3) 招标网上为各级科协、科技馆提供科普产品与服务的中标单位。

(4) 国际企业信用公示系统和小微企业库中科普相关企业。

(5) 按照分类,搜索获得的科普类网红企业。

(6) 全国科普教育基地中新增的科技馆、社会场所和科研场所等。

最终,本章收集到 1 898 家符合初选条件的企业。随后对初选所获得的企业名录在"天眼查"上进行逐一审核,确定该企业的当前存续状态与主要的营业内容,复审后最终确定 1 673 家企业,在数量上较 2018 年增长了 164%。

第二节　数据分析与创新对策研究

一、2019 年数据情况

截至 2019 年 6 月 30 日,全国有效的科普企业共 1 673 家,以下将按照产品统计法和行业统计法两种统计方法相结合的方式对数据进行分析解读,以便为各界科普工作者提供些许科普产业的发展趋势和前景分析。

(一)整体数据解读

从整体来看,全国有效科普企业共 1 673 家,其中大型生产设施企业 142 家,中小型科普企业 818 家,科技场馆 378 家,社会场所 246 家,科研院所 54 家,其他科普基地 35 家,整体分布如图 9.2 所示。可以看出,在当今社会中小型科普企业占据了主流市场,科技场馆和社会场所(动物园、植物园等)也不断发展壮大,科研院所和其他科普基地(气象台、地震展馆等)也在逐渐兴起,我国科普产业将以中小型企业为中心不断发展壮大(图 9.2)。

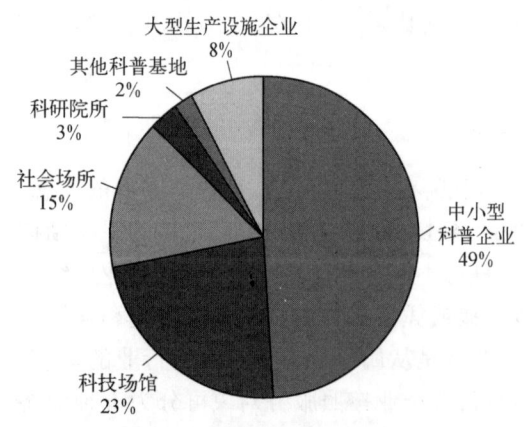

图 9.2　全国科普企业分布形式

(二)服务类别分析

根据科普服务对象又将科普企业按照基础设施服务、综合活动服务、教育服务、媒体传播服务和发展支撑服务五大类,其中科普基础设施服务企业960家,综合科普活动服务企业357家,科普教育服务企业160家,科普媒体传播服务企业103家,科普发展支撑服务企业93家,整体分布情况如图9.3所示,可以看出基础设施类服务占据市场大部分份额,现在还是以生产科普展教具为主,为社会科技展馆、动物园、植物园、海洋馆等科普场所提供VR/AR多媒体硬件设备,这也证实了我国科普产业仍然处于初级阶段;科普活动也占据了21%的份额,其中以科普旅游为主要代表突然崛起,可以预测科普旅游即将在科普产业中抢占一席之地。

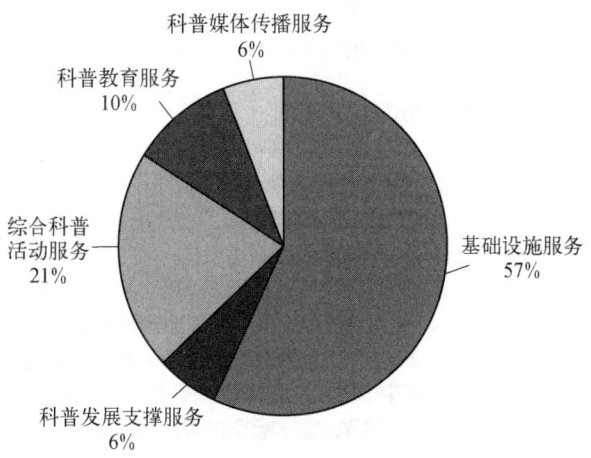

图9.3 全国科普产业服务分布情况

(三)所属行业分析

基于全国科普产业整体数据,又根据企业所在行业进行分类,便于查看"科普+"企业发展趋势。经统计,科普产业已经分布于我国56个行业,其中科技推广和应用服务业、软件和信息技术服务业和商务服务业分别占据企业整体的25%、15%和10%,由于分布较分散,仅罗列出前十二名行业供大家参考,如图9.4所示。可以看出,我国科普企业主要是以科技推广和应用服务业、软件和信息技术服务业及商务服务业为行业代表,这也正好印证了科普的本质还是要从科技和服务入手,科技创新和体验经济为大势所趋。

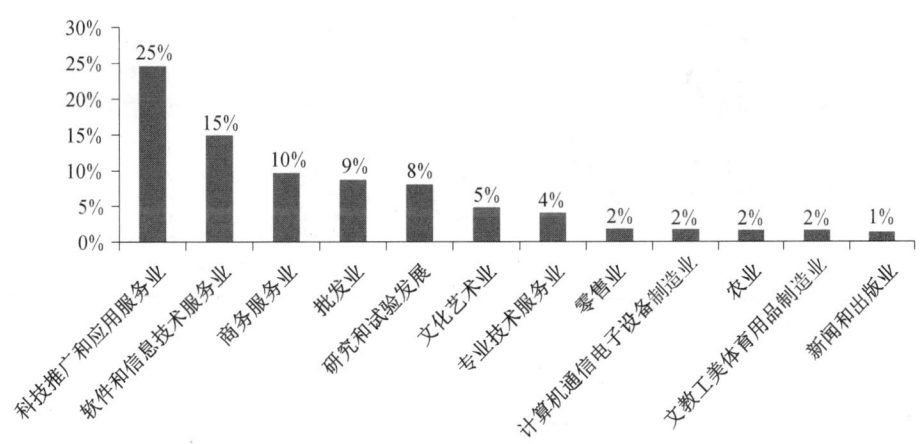

图9.4 全国科普企业所属行业分布图

(四)区域分布分析

从区域分布来看,我国科普产业共分布31个省(自治区、直辖市),几乎覆盖全国,北京、上海、广东仍然占据前三名的位置,科普企业数量前10名的城市如图9.5所示。可以看出科普企业主要分布在京津冀、长三角地区及广东、福建等地,也正是科技信息技术发达才能促进城市经济的发展,旅游大省山东和最早提出科普产业的安徽也较为靠前。但东北地区和中西部地区科普产业发展较少,希望这些地区在科普产业的发展中也要更加注重科学信息技术的发展。

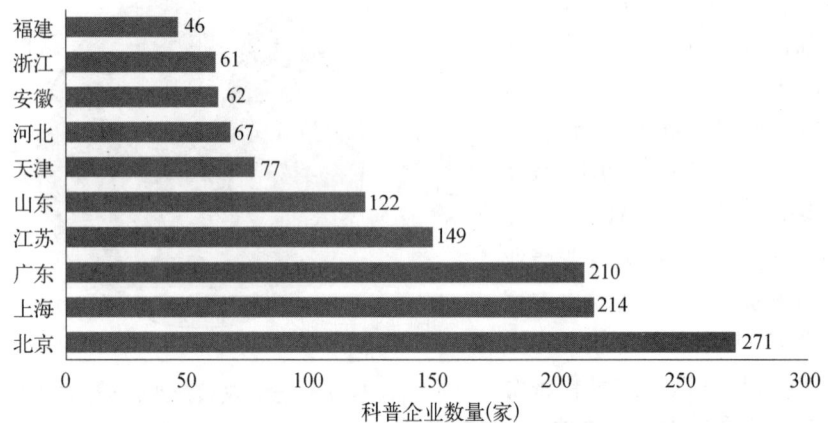

图9.5 全国科普企业地区分布

二、与2018年对比分析

随着科普产业的不断发展,市场化科普企业大幅增加。据统计,2018年全国科普企业共634家,而2019年大幅增长为1 673家,在数量上增长了164%,科普产业的发展不容小觑(图9.6)。

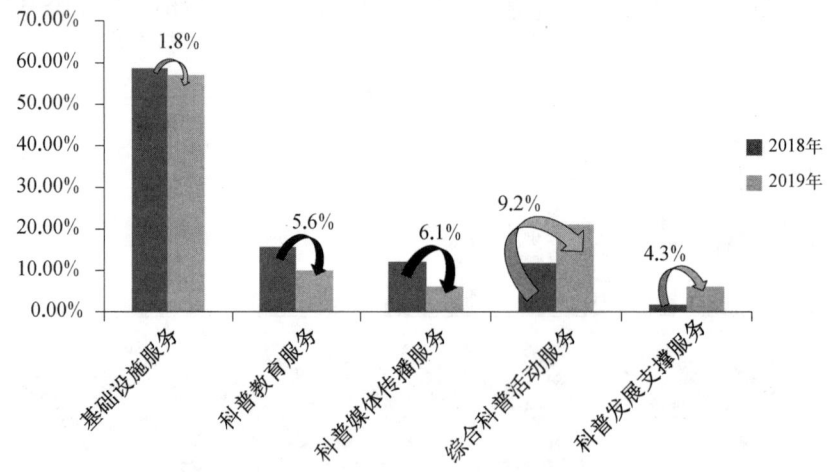

图9.6 全国科普企业服务类别对比

(一)服务类别对比

根据2018年和2019年科普企业服务类比对比可知,基础设施服务在小幅度减小,可以看出其他业态正在逐渐融入科普产业,产业正在进行扩张,但是基础设施服务比重仍然较大,说明基础设施类企业已经趋于饱和;科普教育服务和科普媒体传播服务比重都在减小,可能正在向科普旅游转型,传统的教育模式将被亲身体验慢慢替代;综合科普活动服务正在大幅度崛起,其主要表现为科普旅游活动的增加,大家更愿意通过亲身体验探索来学习更多知识,在玩中学习;科普发展支撑服务也在逐渐增长,说明从事科普策展、咨询与研究的机构不断涌现,科普正在朝着远大的前方前进,很快就会有很大的市场。

（二）所属行业对比

2018年与2019年科普产业的龙头行业仍为科技推广和应用服务业、软件和信息技术服务业、商务服务业、批发业、研究和实验发展行业及文化艺术业六大行业,但在各个行业的比重上稍微有些调整,科技推广和应用服务业已经是科普行业中的巨头行业,且比重还在增加,足以见出科普企业的发展必定要以科技服务为中心,科技越强则科普发展越好;商务服务业和文化艺术业也在小幅度增加,说明科普正在与服务和文化融合发展;在研究和试验发展行业没有太大变动,是因为研究和实验发展一直支撑着科技和服务创新;在软件和信息技术服务行业和批发业两个行业有比重下降的趋势,说明人们在接受科普时更注重科技的实物服务,更加倾向于科技服务类科普(图9.7)。

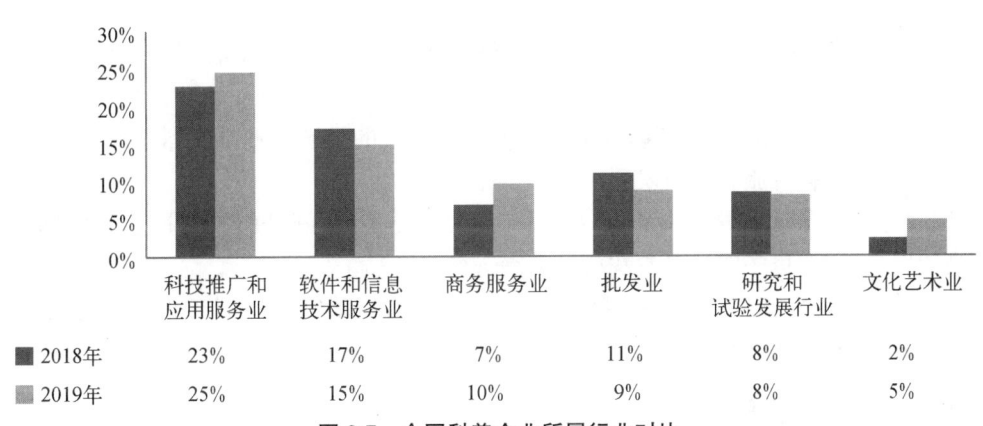

图 9.7 全国科普企业所属行业对比

（三）区域分布对比

同2018年相比,科普企业数量较多的省(直辖市)仍为北京、上海、广东、江苏、山东、天津、河北、安徽和浙江,但是排名发生了改变,连续两年一直位于第一的广东被北京和上海超越,北京是我国的首都,其数量增加的主要原因是科技场馆的增加,毋庸置疑想发展一定要选好产业集群的位置,上海是我国经济文化中心,现在科普和文化共同繁荣发展,所以上海文化类的科普企业正在增加,而广东主要是以制造科普展教品为主,随着科普基础设施服务比重的下降也有了少许的下调;山东上升较快,主要是因为山东是旅游资源大省,随着科普旅游的不断增加,科普企业迅速增长;江苏上升较快,一方面长三角地区协同发展的带动,另一方面是江苏盛产小型教育展品;天津和河北均在京津冀协同发展战略中,都会紧紧追随着北京的步伐;安徽是最初提出"科普产业"概念的省份,浙江是教具大省,两省也没有放慢步伐,一直在科普产业领域稳步前行(图9.8)。

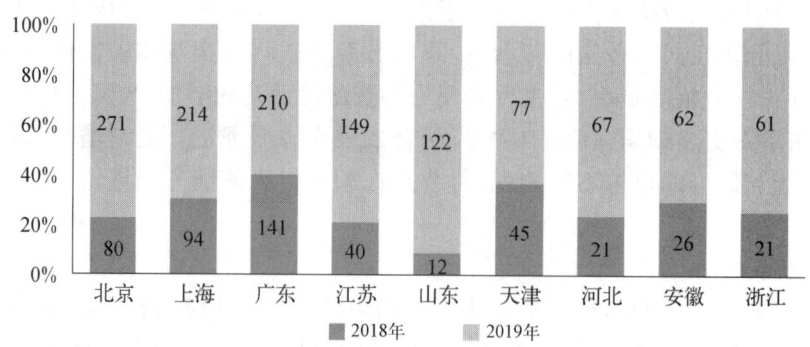

图9.8 全国科普企业区域分布对比

三、结果分析

通过对全国科普企业从服务类别、所属行业和区域分布三个维度分析对比,可以得出以下结论:

(1) 目前我国科普产业仍处于初级阶段,仍需要靠提供基础设施服务维持科普产业的经济发展。

(2) 在科普产业的发展中一定要以科技创新和服务创新为主导促进带动整个产业其他行业的发展。

(3) 科普旅游正在迅速兴起,要加大力度吸引更多的旅游企业加入科普市场,制定更完善的政策推动科普旅游大力发展。

(4) 科普信息化和媒体发展速度变慢,应鼓励更多的互联网公司打造"互联网+科普"高效路径,研发更多的科普游戏科普动漫等网络产品。

(5) 各个省份一定要发挥各自特长,依据自身优势发展"科普+"产业,一定会探索出新大陆促进科普产业的健全发展。

四、创新对策研究

在新时代中国特色社会主义背景下,科普产业要趁势而上,创新发展,推动科普产业的繁荣昌盛。根据科普产业的数据分析三个维度结论,特提出以下三条创新型对策研究。

(一) 科普产业要融合发展

随着"互联网+"模式的良好发展,新时代新的经济形态已经到来,科普产业迎来了新的机遇。在科普教育服务、科普媒体传播服务向科普综合活动服务转型的同时,科普产业应顺势而上,大力发展"科普+"产业模式,不仅要加入其他产业,更要将科普旅游、科普教育、科普媒体、科普文化等多种产业相互融合,对科普产品进行独特的设计,打破单一的科普产品模式,丰富科普产品结构,打造具有创新性特色性的科普市场,可以在科普旅游的同时,加入VR/AR体验模块,加入文创产品的售卖,加入互联网媒体传播,赋予科普旅游新的产品功能,让其发挥最大的产业价值,促进多产业共同发展,促成科普产业的繁荣富强。

(二) 行业间要深层次合作

作为科普产业的供给者,科技推广和应用服务业、软件和信息技术服务业、商务服务业三个行业在科普产业的发展中起到了龙头带动作用,科技、信息和服务是科普产业发展的主要因素。在我国社会发展的环境下,多种行业快速并行发展,其实很多行业都是可以和科普产业联系起来的。行业间要建立深层次的合作关系,共同深入到不同的发展领域,对新的业务进行整合,改变原有的价值链和产业链,重组形成新的产业供给,为科普产业的发展塑造新的生命。培养良好的行业合作关系,也有利于促进技术、业务和市场的融合,共同激发市场调节功能,探索出适应中国科普产业市场发展的运作机制。

（三）区域间要相互聚集带动

科学普及的主要目的是为了提高国民科学素质,经调查数据显示,现在的科普产业分布大多位于京津冀和长江三角地区,东北地区和中西部地区较为薄弱,地区分布稍有失衡,不利于我国科学普及的规模化发展。产业要想快速规模化发展,首先要创造出良好的产业发展环境,推动区域内外的科研院校、企业及中介机构维持优良的协作与竞争氛围。京津冀和长三角地区企业间都是相互协同共同促进发展,东北地区和中西部地区也要加强区域间的相互沟通,积极汲取已有的成功经验,按照区域发展特征、地理资源优势相互聚集带动,推进科普产业的集群化发展,推进科学普及的协调发展。

第五篇

科普场馆产业发展对策

第十章 科普场馆产业发展的困境与对策

第一节 科普场馆产业发展的主要困境

通过对全国二十余家科普场馆调研走访后发现,科普场馆产业发展面临的主要困境如下。

一、对体制机制理念的困惑

目前公益性事业单位主要分为公益一类和公益二类。公益一类事业单位不得开展经营活动,其经费需由国家财政予以支撑;公益二类事业单位在确保实现公益目标的前提下,可依法开展相关的经营活动,依法取得的经营性收入主要用于公益事业发展。

大多数公益类科普场馆在事业单位分类改革中被归为公益一类,在科普场馆实际运营过程中,管理部门过度强调公益一类是由政府出资保障,不允许其存在必要的经营性活动,而且出现了越往基层理解偏差越大的现象,将维持场馆可持续发展活力的必要性"经营活动"片面理解为"营利活动",场馆为了"不违规",大部分只能维持一些固定的常设陈列,个别场馆内互动展品展项坏了很久,常年挂着"维修中"的牌子,设计形式多样的教育活动、开展不同主题的临时展览和研发带有科学创意的文创产品等更是大部分科普场馆的奢求,"免费开放"变成了"免费开门"。

此外,公益类科普场馆往往年初就审批确定了职工收入绩效总额,以致这类单位出现了多干活不如少干活、多要经费不如少要经费的状况,职工的获得感(不仅是工资收入)也出现了公益一类不如公益二类、公益二类单位不如国有文化企业的现象。对于公益类科普场馆来说,开发科普产品意味着成本,生产科普产品意味着成本,甚至于每销售出一件科普产品也意味着成本的增加,即科普产业的一切行为都导致成本的提高。由于"收支两条线"的存在,科普产业产出的所有营收全部要上缴国库或财政专户,无法作用于下一步轮科普活动和产品的投入,因此,科普场馆产业只有投入,而没有成果,无法反哺场馆的进一步发展,这大大制约了科普场馆产业发展的潜力与动力。同样,目前的政策和机制对于场馆内相关人员也没有相关激励机制,导致人才不断流失。

以上出现的种种现象,违背了事业单位改革的最终目的,即"为了提升公益服务的效能、增强事业单位活力、调动全体员工创造性劳动的积极性"。因此,科普场馆发展陷入了体制机制理念的困境,对公益类科普场馆而言,观众成倍增长带来了社会责任压力与科普场馆职工收入绩效的矛盾，发展科普场馆产业与违规增设经营性部门的矛盾。而企业类科普场馆同样面临着由于投资单位管理层的变更、经济效益的变化引发的矛盾。

二、协同联动的能力较弱

2017年，财政部、中央编办《关于做好事业单位政府购买服务改革工作的意见》（以下简称《意见》）特别指出如果现有公益一类事业单位因能力不足等原因，暂时难以满足相关公共服务需求，有关行政主管部门也可以通过向社会力量购买相关服务作为补充。

公益一类科普场馆的可持续发展离不开科普内容的创作、展品的研发制造、科普服务的供给，纯粹依靠科普场馆内部在编人员的力量难以完成这些工作，因此，《意见》特别指出，科普场馆可以向社会力量购买相关服务作为补充，更好地满足公众的需求，如与高校、科研院所和展品制造企业合作研发科普展品、与文化企业合作研发文创产品等。

目前，科普场馆协同联动的能力普遍较弱，须主动与市教委、市商务委、市财政局、市人保局等部门和文化企业、科技研发企业联系沟通，着力做好规划布局、统筹协调等工作。各个科普场馆要结合自己的资源禀赋，盘活场馆内展品、藏品、智力、设施等有形和无形资源。要发挥主观能动性，突破"循规蹈矩"的管理方式，摒弃"等靠要"的思想，用好中央和财政的相关政策，积极探索创新，完善开发授权工作，强化合作共赢的开发理念，主动选择高校、科研院所和实力强、信誉好的企业等开展合作，拓宽科普场馆产业开发投资、设计制作和市场营销渠道，不断打造具有特色品牌的科普场馆。

三、创新开拓的能力较弱

本研究认为，在科普场馆产业发展能力建设过程中，创新开拓能力是科普场馆可持续发展的重要保障，创新开拓能力包括了理论建设、研发产出（含专利数量）、项目获奖等。

作为我国科普场馆主力军的科技馆，目前其学术研究能力仍处于早期探索阶段，自主研发能力较弱。主要表现在：理论研究人才短缺，重实践轻理论的现象长期存在；翻译并介绍国外经验的作品多，深入分析并结合我国国情提出建设性意见的少；依赖于进口国外科普影视片多，具有独立知识产权的原创科普影视片少；依赖于外部企业提供整件制展品展项、教育课件包内容设计、展览布展设计的多，具有自主研发能力的科技馆少。

因此，导致科普场馆产业在运用市场化手段进行运作过程中，往往容易缺乏自主研发的核心产品，一旦外部条件发生变化，就会在市场上非常被动，无法与外部企业在博弈中取得优势，只能受制于外部条件。在与外部企业合作的时候，也非常容易出现知识产权方面的隐患。个别外包服务商有时候可能为了追求经济利益，甚至于能够不顾场馆的社会利益。

综上所述，科普场馆应不断加强自身的理论研究和研发能力等建设，提升科技原理转化成为科学展品的能力，提升展示效果分析的能力，提升对于观众行为需求的分析能力，提升展览及教育活动启迪创新创造的能力，扎实收集并管理好场馆的日常运行和藏品等基础数据，从而真正提升科普场馆可持续发展的能力和开拓创新的能力。这样，科普场馆在与外界合作的时候，就能够对合作方进行有效的监督，当外部环境发生变化的时候，场馆也能够自主掌控局面。

四、缺乏科普场馆产业协会

目前全国科普场馆，由于发展的不平衡不充分，导致科普场馆"冷热不均"，有些火爆异常，有些则"门可罗雀"。因此，在提升科普场馆产业发展能力，促进科普场馆产业发展过程中，需要行业协会来更多的整合不同场馆资源，从而带动科普场馆产业上下游的联动与创新，但目前缺乏具有这样功能的科普场馆产业协会组织。2019年，唯一以科普场馆为主要成员的全国性联盟——原中国自然科学博物馆协会更名为"中国自然科学博物馆学会"（简称：科博学会）。从中国自然科学博物馆协会的更名来看，一段时间以来主要精力是致力打造一个专业性强的学术交流组织，而促进科普场馆产业发展不是其主要发展方向。

协会与学会有着不用的作用，二者有区别也有联系：协会是为促进某种共同事业发展而组成的群众团体。协会的根本任务是统计行业信息，市场调研与价格协调，参与国家产业政策的研究与制定等。协会会员主要是由行业内不同单位等组成。协会组织的活力往往取决于一个地区的经济、产业地位等；学会是由研究某一学科的人组成的学术团体。学会的根本任务是学术交流、促进学科发展、促进科技成果转化。学会会员主要包括高等院校、科研院所等专业技术人员。学会组织活力往往取决于一个地区学科发展的水平和地位，与学科带头人的学术造诣和社会名望紧密相连。

协会与学会两者的最终目标虽然是一致的，但在职责内容上，还是有比较明显区别的，协会侧重于行业内资源整合，学会侧重于学科发展。两者同是推动社会经济发展和科技进步的两个轮子，是相互促进和共同发展的。从国外协会和学会发展看，两者是各司其职，互不可替。比如：美国有钢铁学会，也有钢铁协会；日本有钢铁学会，也有钢铁联盟；德国有钢铁工程师学会，也有钢铁经济学协会。钢铁学会主要开展书刊出版发行、学术交流、专题研究、人才培训、奖励等工作，而钢铁协会、钢铁联盟主要进行生产信息情况调研、统计，代表行业向政府联系，制定行业发展方案，市场协调等。

因此，在行业的发展过程中，行业协会起着不可或缺的作用。发挥行业协会的功能，有利于科普场馆产业发展。它既可以促进行业内资源整合，协助政府制定行业规则，还可以在行业出现危机的时候，救助行业内成员单位。因此，科普场馆产业的发展需要一个有整合全国科普场馆产业资源的行业协会组织。

第二节　科普场馆产业发展的政策建议

在习近平总书记提出的"科技创新、科学普及是实现创新发展的两翼，要把科学普及放在与科技创新同等重要的位置"重要讲话精神指导下，科普事业的发展越来越得到国家的高度重视，而作为科普主力军的科普场馆是开展科普工作、促进科学传播的重要场所和渠道，也是培育和发展科普产业的重要主体，但由于科普场馆面临体制机制理念的困境、自身较弱的协同联动能力和创新开拓能力，再加上目前没有一个有整合全国科普场馆产业资源的行业协会组织，导致了科普场馆发展产业面临一些困难。

因此，提升科普场馆产业发展能力，必须统筹建立高效协同的科普场馆产业发展创新体系，促进各类创新主体协同互动、创新要素顺畅流动高效配置，形成提升场馆产业发展能力的制度安排、环境保障和实践载体。具体建议如下。

一、构建政策支柱

对于在科普场馆产业发展过程中所遇到的问题，需要政府在科普产业的政策层面实行供给侧结构性改革。供给侧结构性改革的关键在于"有效制度的供给"，即通过各种法律法规、政策文件对科普场馆产业进行扶持，以优化科普场馆产业结构。同时，在政策制定上不仅考虑到传统的科普场馆的"科普属性"和"社会效益"，也要兼顾科普场馆产业的"商品属性"和"经济效益"。

（一）宏观政策要"稳"

科普场馆产业要实现健康、科学、可持续的发展，必须要有政府宏观政策引导，长期持久的宏观政策是实现科普场馆产业可持续发展的重要保障。要发挥政府的宏观调控职能，对科普场馆产业的长远发展进行系统性的规划，并制定一整套比较完备的促进场馆产业发展的政策体系，才能引导科普场馆产业的升级、转型与快速发展。

（二）微观政策要"活"

由于我国各地科普场馆发展不均衡，科普场馆产业发展的微观政策发布和推行应当结合不同区域的实际情况，针对区域多样性和科普场馆发展不平衡性特点，探索和实施多种发展模式和路径，因地制宜制定多层次、多维度的微观政策，做到整体推进和重点突破，才能充分激发不同科普场馆的能动作用。

（三）产业政策要"实"

不同区域的科普场馆有着不同的资源禀赋，不同科普场馆也有着不同的发展规划，因此，科普场馆产业政策要以科普场馆的基本规律为出发点，同时注重协调发改、财政、国土、规划、科技、工信等政府部门，保障科普场馆产业各个项目有效落地，优化科普场馆的产业结构，提高科普场馆产业的发展效率。

（四）改革政策要"准"

激发科普场馆产业活力是科普场馆产业政策发布与推行的核心，因此，科普场馆产业政策要打破传统思想观念的束缚，最大限度地解放和发展科普场馆产业的生产力，突破利益固化的藩篱，找准突破的方向和着力点，以先进、创新的理念对科普场馆产业进行全面改革，实现科普场馆产业的发展。

二、促进融合发展

"文化+""互联网+""金融+"引领科普场馆产业纵横联合，它们可以满足新需求、创新新供给，提高科普产品和服务供给体系的质量和效率，为科普场馆发展提供新思路、新模式、新业态。

（一）"文化+"：引领发展新趋势

为推动科普产业和文化融合发展，促进文化和科技深度融合，全面提升文化科技创新能力，更好满足人民精神文化生活新期待，增强人民群众的获得感和幸福感。因此，科普场馆产业创新需要文化来赋能,两者相辅相成、相互促进。

当下,文化力量在不断丰富科技的应用和表达,科技的发展也正在深刻影响和重塑人们的文化生活,"文化＋"促进两者的深度融合,成为科普场馆产业实现高质量发展的重要推动力。营造崇尚创新的文化环境,加快科学精神和创新价值的传播塑造,动员全社会更好理解和投身科技创新。要探索运用国际话语体系在世界主流传播平台表达中国科学精神和价值伦理,传播中国科学家的整体精神风貌,弘扬中国科学故事,塑造具有国际影响力的中国科学文化品牌,提升科普场馆产业内容产出的能力。

（二）"互联网＋"：引导供给侧的方向

在全球新一轮科技革命和产业变革中,互联网与各领域的融合发展具有广阔前景和无限潜力,已成为不可阻挡的时代潮流。

"互联网＋"是提高科普场馆产业发展潜力与活力的关键所在,为科普场馆与市场之间建立了"生产－反馈－个性化定制"的良性循环。充分发挥我国互联网的规模优势和应用优势,加速提升科普场馆产业发展水平,增强科普场馆产业发展能力,构筑科普场馆的新优势和新动能。因此,应引导更多科普场馆依托互联网,追求高附加值的发展路径。

（三）"金融＋"：助推科普产业改革

金融是现代经济的血脉,当前我国科普场馆产业进入"换挡升级"的发展机遇期,科普场馆产业发展的基础和动力从政府转向市场,以市场为取向的改革发展红利正不断释放。

"金融＋"是科普场馆产业深入参与资本市场合作,提高我国科普场馆产业竞争力的资金保障。随着科普场馆产业的细分领域已经具备产业化、市场化条件,金融介入的时机基本成熟,新金融、新资本与科普场馆产业的嫁接、融合与创新,正在诞生科普金融的新业态、新格局、新趋势。以资本制度创新促进科普金融产品和服务创新,创新科普资产管理方式和科普金融服务组织形式,推动科普场馆产业与金融业的对接与融合发展,是培育新的经济增长点的需要,是助推科普产业改革的需要。

三、创新组织机制

随着科普场馆产业的深入发展,从最初的战略实施由政府主导并进行资源投入,到政府部门、文化企业、科技企业、科研机构、高等院校与市场用户等越来越多地参与进来,这种政、产、学、研、用的组织协同涉及不同利益目标的创新主体,是一种独特的混合型跨组织关系,单个组织无法取得合作的全部控制权,需要具备新的管理技能和组织设计能力,否则,这些在经济上相对独立、在资源上相对紧缺的组织为了追求自身经济利益的最大化,会利用信息不对称等机会,做出"搭便车"、背信弃义等经济理性行为,破坏协同创新的整体格局和实施效率。因此,对影响协同创新目标实现,或者能够被协同创新的目标实现过程所影响的所有个体和群体（即利益相关者）进行有效管理,是非常必要和迫切的。

政、产、学、研、用等各类利益相关者参与科普场馆产业创新的过程是为协同创新投入资源,并通过实现协同创新目标获取利益、实现预期需求的过程。各方的资源投入和预期需求如图10.1所示。

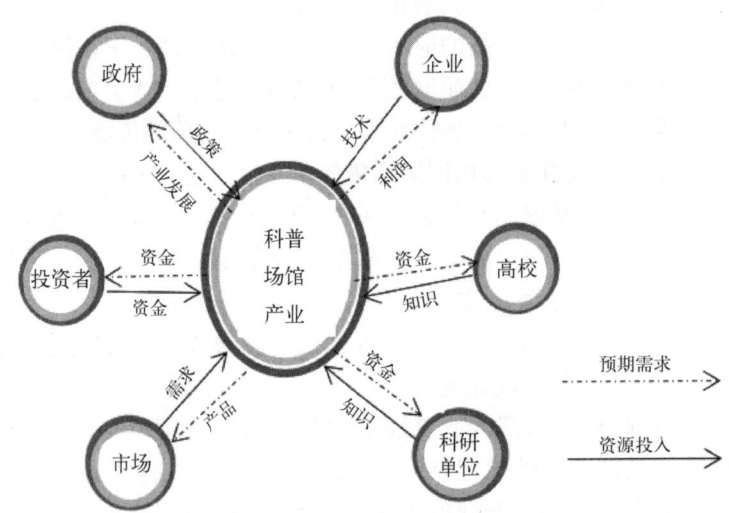

图 10.1　科普场馆产业的利益相关者预期需求与资源投入

利益相关者的预期需求是模糊、多层面的,可以通过效用的方式进行度量,投入的资源也是多种多样的,也需要通过统一的方式进行量化。经济学的理论与方法为这种量化和度量提供了依据,由于研究重点的限定,此次不再进行定量研究。然而责权对等的原则是普遍适用的,预期需求和资源投入正相关。因此,识别并确定每一个利益相关者组织或个人,进而通过分析他们的需求和所拥有的资源,对其角色和责任进行分配,是创新组织协同机制的基础。

(一)政府:主导和服务角色

作为确定型利益相关者的政府,拥有合法性和权利性,是所有利益相关者中的决定性力量。在我国,政府通过种种法律法规、政策文件、审查制度对科普场馆产业进行扶持、管理和规制,足以显示政府的决定性影响。为转变政府职能,促进由"审批型政府"向"服务型政府"的转变,政府职能部门开始简政放权,鼓励支持成立行业组织,发挥其中介组织的作用,实现政府放权与行业组织接权的过渡与统筹协调。

(二)企业:创新主体角色

企业是创新中最有活力的协同组织。科技企业面对全球互联网服务经济带来的新机遇,利用自身技术优势,积极尝试科普场馆产业发展的新经济模式。科普场馆由于多数属于事业单位,自身科技创新能力不足,难以独立完成产品研发。通过科技企业与科普场馆融合优势,创造出具有显著经济效益与社会效益的科普新产品、新形式和新服务,通过多种渠道和国家多个职能体系获取政府的奖励、宣传和扶持。

(三)市场:需求导向角色

科普场馆产业发展要靠市场去引领需求,培育新的业态,只有经过市场的检验才能和科普产品研发形成良好的互动。广义的市场需求包括消费需求、企业需求、资本需求和跨界需求等,此处重点关注狭义的市场需求即消费需求。消费需求是任何一个产业发展的基础。近十几年来,随着人们衣食住行问题的解决,科普消费的需求大大提升,尤其是依靠科技进步引领的科普消费需求有很大的提升空间。科普消费市场一方面要善于披露需求信息,并利用现有的科技成果引导科普产品研发创新,另一方面要根据科普产品研发状况进行反馈,实现持续优化与改进。

（四）金融：资金支持角色

资金短缺、融资困难是目前科普场馆产业发展的重大瓶颈,解决这一问题的关键还是政府支持和政策导向。下一步要重点建设和完善以融资机构为主的融资平台和以政府为主的融资支持平台。在融资平台建设方面,金融机构应根据自身优势,分别针对科普基础设施建设、科普场馆产业无形资产融资、科普产业专属保险产品、信托债券产品等不同的文化产业领域,创新科普金融产品和服务方式。在融资支持平台方面,政府还应加强科普产品创新研发专项资金支持力度,鼓励有关企业综合运用项目资助、贷款贴息、政府采购和配套奖励等方式,带动社会资本、金融资本参与科普产品研发和产业化,同时整合现有文化经济、科技创新和成果转化等领域的政策,给予相应的税收优惠和资金支持,引导科技成果向科普场馆产业转移。

（五）科研机构和高校：智力与人力支持角色

科研机构和高校是科技研发创新的重要支撑,主要为创新活动提供智力资源和人力资源。科研机构和高校参与科技研发创新的主要需求是将理论研究与实践研究有关成果进行有效转化,为社会发展和经济建设服务。人才是科普场馆产业发展的重要因素之一,科普产业具有跨专业、跨学科的特点,要注重理论与实践相结合。我国高校教育应在产业人才培养领域探索"工作室制""项目引导式""协议式/订单式""双证书制""产学研结合"等创新的人才培养模式,可以有效地搭建人才与企业、科普场馆对接的平台,使人才培养趋于规范化、多元化、特色化。

四、建立产业协会

党中央、国务院多次强调发展行业协会的重要性,并提出要把培育和发展行业协会纳入经济和社会发展的规划中来。目前各地已开始认识到行业协会的重要性,开始注重培育发展各类行业协会。因此,适时成立科普场馆产业协会,充分发挥协会资源整合的优势,为科普场馆产业发展建言献策,协调成员单位与投资(拨款)机构的资金,制定行业规则、行业标准,维护行业整体利益,促进行业整体健康有序发展。此外,科普场馆产业协会还应该在以下三方面着力提升。

（一）提升场馆产业协会功能

作为科普场馆产业协会,不仅要为行业从业者提供教育培训服务、行业资讯等,还应增加中介服务的功能。该中介服务的功能包括介绍行业协会内部的商务合作,如内部的采购订货会和上下游商业合作等。也应包括各种促进行业协会内部单位业务资源的交流,诸如品牌授权、市场营销、文创开放、项目合作、政务服务等,从而实现协会内部资源、价值和服务的高效流动。

（二）扩大协会成员的覆盖面

要扩大会员单位的覆盖面,吸收多数科普场馆参加科普场馆产业协会,提高行业协会对场馆的凝聚力,为场馆做好服务工作。根据《中国科普统计(2017年版)》的定义,科普场馆包括科技馆、科学技术类博物馆和青少年科技馆(站),但目前还没有一个行业协会能将这三类主要的科普场馆包含在内。

（三）适时引入平台服务模式

通过收取会员费保持基本的协会运作，积极提供协会会员内部和外部的资源对接服务，并在此基础上，进一步提供行业整体层面的互联网一体化解决方案，包括B2B电商平台、供应链金融服务平台、行业知识经验分享平台等，从而将场馆产业协会以平台型的方式展现，实现角色和服务功能的一体化。

第十一章　新时代科普能力建设的未来

第一节　国家科普能力建设未来语境

习近平总书记在2016年"科技三会"上提出了科学普及与科技创新同等重要的"两翼论",这不仅是基于新时代特征对科普功能与价值作出的科学判断,也是推动实施"创新驱动发展战略"的现实需要。站在新时代的起点,无论是考量一个国家或地区的创新潜能,还是评估其国民的理性与文明程度,都离不开科普能力这个关键变量。当前,国内科普所面临的形势不同以往:首先,发展不平衡和不充分已经成为人民对美好生活需要的主要制约因素,这种不平衡和不充分在科普工作领域也表现突出,换言之,解决这种主要矛盾需要在未来国家科普能力建设上寻求新的思路或作出必要的策略调整。其次,"互联网+"不仅重塑了科学研究的模式,发展了开放式创新与科研众包的新平台,也为传统科普模式的创新提供了借鉴,使得公众参与科学的"众包科普"正在兴起。此外,新媒介和人工智能等技术的发展正在为未来的科学传播创造更多引人入胜而又充满奇思妙想的思路与方案。

审视这些急剧变化的新形势,未来国家科普能力建设应该关注哪些重点领域,实现哪些转向,又该在建设思路和举措上进行何种创新,对于这些问题,目前无论是学界还是实践领域均没有给出一个肯定的答案。鉴于这些思考,下文将从当前国家科普工作面临的新形势出发,结合目前学界的主流观点,也对此问题进行探讨并提出几点浅见。

一、国家科普能力建设的新时代语境

（一）国家创新驱动发展战略亟须科普能力支撑

纵观世界重大科技革命的发生国家及当前科技发达国家,其科学的重大发现与技术革新都与国家科普能力建设密切相关。正如意大利科学传播学者乔万尼·卡拉达所言,当今世界,科学研究比以往任何时候都更多地成为经济、社会和文化的驱动力,科学传播的质量已经成为民主与进步的重要因素。科普不仅有效推动科学共同体内部的交流与学习,克服不同学科和专业领域之间的隔阂,形成协同创新的良好生态,而且有助于科技与社会的互动,为国家创新行动寻求最广泛的社会共识。转基因的例子已经充分表明,科学与社会的相互隔绝甚至断裂会引发严重的社会质疑与愤恨,使科学技术的推广举步维艰。

长期以来,我们一直强调科技创新的价值,却忽视了科普对创新的隐性作用。一直将

创新的主体固化为科学共同体的"专利活动",而忽视了"万众创新"本身的社会科普需求。事实上,在全社会弘扬求真务实的科学精神与理性思维也是激发社会创新潜能的基础。当前,第四次科技革命的曙光已经显现,党和国家审时度势地做出了"创新驱动发展战略"的重大部署,并且提出了"大众创业、万众创新"的新国策,客观需要科普能力建设的支持。

（二）科普服务成为人民对美好生活的重要需求

目前,包括美国科学促进会（the American Association of the Advancement of Science）、英国皇家学会（the Royal Society）、法国科学院（the French Academie des Science）等在内的发达国家的科研机构,都要求其会员与社会公众探讨他们研究所遵循的伦理规范及其最新成果,将这种科普行为视为科学家的一种职责和义务。实际上,有效的科普可以在科学与社会之间建立一种基于科学活动的信任与互惠机制,让科学成果能够真正普惠于民众。

现实中,科普在健康、环保、安全等民生领域的价值日益凸显。无论是保健药品的选用,还是逃生自救,科学知识与科学方法的掌握程度已经影响到人们生产与生活质量。科普不仅可以提升公众的科学观念,使民众形成理性质疑的科学精神和评估思维,能够在面对纷繁复杂的涉科学问题上能作出科学的判断与选择。而且,通过科普可以有效提升民众应用科学的能力。在日常生活中,从DNA到纳米技术,科学研究的成果无不最终转化为惠及民众的一种物质存在。科普扶贫、科普扶智不仅为大众创新活动提供重要支持,同时也在改善人们的生存能力与生活质量。长期以来,由于各种主客观原因,无论是科学界本身还是其他社会领域,对科普工作均未给予充分的重视,科普服务的供给内容与供给方式与人民群众的实际需求存在不充分、不平衡的问题。公众获得感不强影响了其主动参与科普的积极性。进入新时代,科普不仅要成为"国家创新"的两翼之一,也要围绕人民对美好生活的需求而发力,这也是当前加强国家科普能力建设的重要语境之一。

（三）伪科学传播给国家科普工作带来了严峻挑战

随着互联网和各类社交媒介的发展,不少"伪科学"言论正在假借"科学"的名号进行网络传播。现实中,在局部地区,特别是偏远落后地区和农村地区,不少伪科学书籍、传单或广告也在假借"复兴传统文化"之名而兜售玄学迷信思想,这些问题给社会公众的生产与生活带来了极大困扰。尤其在涉科学的热点舆情事件中,各种科学谣言总是如期而至且危言耸听,难辨真伪的信息极易诱发不理性的"反科学"思潮甚至群体性事件,给社会带来不稳定。各类伪科学的传播既误导了社会民众的认知与行为,也给国家科普工作带来了严峻挑战。

在这个知识爆炸的时代,互联网看似为公众获取信息创造了便捷化的路径,实质却隐含着公众因科学思维的匮乏而对信息难辨真伪的极大困惑与深刻担忧。尽管我们看到,各类官方和民间科普网站、科普社区和科普公众号正在发展,各种在线科普活动已经对伪科学言论起到正本清源的积极作用,但是,整体上并未形成一个系统性的应对方案,其实际效果同样有限。

（四）新兴传播技术正在重塑传统的科普模式

我们正在迈入移动互联的时代,以智慧化和数字化为特征的信息通信技术、人工智能技术和虚拟现实技术正在汇聚成一股重要的变革力量,重塑着传统的科学传播模式。根据中国互联网络信息中心(CNNIC)最新发布的第 41 次《中国互联网络发展状况统计报告》,截至 2017 年底,我国网民规模达到 7.72 亿人,新增网民 4 074 万人;互联网普及率达到 55.8%;手机网民规模达到 7.53 亿人,网民中使用手机上网人群的占比由 2016 年的 95.1%提升至 97.5%。随着我国互联网普及率的大幅提高和网民规模,特别是手机网民规模的迅速扩大,公众接受科普的方式也在发生重要的转变。新媒体成为公众更乐于接受科学知识的媒介。

事实上,无所不在的连接为公众在线获取科学知识、进行网络科学传播提供了重要平台,人工智能与虚拟现实技术为公众观察科学现象、领悟科学原理创造了更多的乐趣与体验感。更为重要的是,新兴传播技术的发展正在改变科学传播者与科普受众之间的地位,使得双方在互动性传播中走向开放化、透明化和网络化,甚至在某种场合下,公众变成了融传者和受者于一体的泛在化的自媒体"专家"。在这种情况下,传统科普模式也应顺势而变,实现科普信息化,包括科普内容数字化、科普传播平台化、科普呈现终端化、科普效果持续化。这是当前国家科普能力建设必须重点关注的客观形势。

二、国家科普能力建设的发展状态

(一)国家科普能力建设的发展趋势

2017 年 5 月,中国科普研究所首次发布了《国家科普能力发展报告(2006~2016)》(《科普蓝皮书》),对我国 2006~2016 年的国家科普能力发展指数进行了系统评估。2018 年将再次发布《新媒体时代中国国家科普能力发展报告》,继续对国家科普能力的变化做动态评估。据该报告显示,2006~2016 年我国科普能力发展指数呈现逐年递增趋势,综合科普能力建设效果显著。

2016 年,我国国家科普能力发展指数为 2.10,与 2015 年相比,增长了 2.44%,其原因在于,国家科普经费、科普基础设施和科学教育环境三项的发展指数均有明显上升,尤其是科学教育环境一项,随着互联网的普及程度越来越广泛,各种网络资源对教育环境的影响越来越大,其发展指数上升显著,同比增长 27.19%。此外,科学教育环境和科普基础设施的完善也是推动国家科普能力提升的两个重要因素(表 11.1)。

表 11.1 2006~2016 年我国国家及区域科普能力发展指数

	2006 年	2008 年	2009 年	2010 年	2011 年	2012 年	2013 年	2014 年	2015 年	2016 年
全 国	1.00	1.25	1.52	1.64	1.75	1.88	1.96	2.03	2.05	2.10
东部地区	1.46	1.71	2.16	2.32	2.47	2.58	2.75	3.03	3.06	3.19
中部地区	0.87	1.13	1.30	1.34	1.51	1.61	1.55	1.52	1.49	1.71
西部地区	0.63	0.95	1.10	1.23	1.32	1.48	1.60	1.55	1.64	1.79

注:① 科普能力发展指数的计算不包括中国香港、中国澳门和中国台湾地区。② 东部、中部、西部地区按照《中国科普统计》进行划分。东部地区包括北京、天津、河北、辽宁、上海、江苏、浙江、福建、山东、广东和海南 11 个地区;中部地区包括山西、吉林、黑龙江、安徽、江西、河南、湖北和湖南 8 个地区;西部地区包括内蒙古、广西、重庆、四川、贵州、云南、西藏、陕西、甘肃、青海、宁夏和新疆 12 个地区。

但是,不容忽视的问题是,2006 年以来,我国科普能力虽然一直增长,但增速比较平缓,每年基本保持 0.1~0.2 的小幅增长,而且,2016 年的科普能力指数也仅为 2.10,总体能力偏低。回归现实，科普能力建设不足是源于多方面的因素影响：一是目前国内原创性科普资源依然短缺；二是科普人员主要源于中国科协系统，其他社会科普主体仍然力量薄弱；三是科技工作者主动开展科普的观念意识不强，在科技工作者群体中从事科普工作的人员比例仍然偏小；四是科普活动形式比较单一，活动影响力有限；五是社会科普氛围不足，尤其是社会公众主动接受科普的意识不强，科普需求没有得到真正激发。

（二）面向科学文化培育的科普能力建设

在过去的几十年时间里，科学与社会的关系正在悄悄发生变化，在这个问题上，有人将其概括为"学院"科学向"后学院"科学的变迁，并且强调科学与社会之间的关系应该保持一种半透明的状态，科学共同体应该与社会公众进行有效的信息互动和科学对话。直至现在，学界普遍认为，科学传播并不是一个简单的知识扩散过程，应由"公众理解科学"模式向"公众参与科学"模式转变。现实的问题在于，如果社会缺乏崇尚科学的文化氛围，公众对科学缺乏自觉的认同，或者说本身不具有基本科学素养，一切便成为虚无的讨论。因此，为了推动"公众理解科学"向"公众参与科学"转向，科普能力建设的长期目标应该是在社会范围内建立一种公众科学文化。

事实上，自约瑟夫·熊彼特提出创新经济以来，文化作为促进创新的核心因素已成为西方学界的共识。美国经济学家 Shane S 早在 20 世纪 90 年代初就指出，文化是影响一个国家创能力强弱的关键之所在。美国科学社会学家李克特也曾明确指出，科学发展的本身就是一种文化形成的过程。科普能力建设之所以要以培育科学文化为目标，原因在于，公民科学素养达到 10% 以上是一个国家进入创新型国家的基本条件，也是创新型国家的标志之一。这就要求我们在新的时代背景下大力提高公民科学素养的同时，更应该大力建设科学文化，尤其是在草根文化中，融入科学文化元素，使之更加有活力，为创新创业提供坚实的基础。

诚然，任何一种文化形态，无论是一个民族的文化还是一个组织的文化，不同学者对文化的解构是多种维度的，但是，总结起来，不外乎物质文化、制度文化、行为文化和精神文化四个层次。思考新时代国家科普能力建设，需要瞄准科学文化"四维一体"的框架，通过阶段性任务规划来系统建设。其目标是让科学文化从习以为常的科学共同体内部走出来，成为全民共建共享的新制度文化。

三、国家科普能力建设的未来走向

（一）基于科普产业发展的市场化科普

科普服务是一个需要投入人力、物力等多种要素的综合性活动。传统公益性科普服务正在面临主体单一、运营资金短缺、供需失衡等困境，与之相矛盾的是，随着知识消费时代的来临，人们对科普类服务产品有着十分强劲的需求。果壳网推出的用于知识交易的"分答"产品的成功运营就是其中一个例证，用产业化思维发展科普服务将是一个必然的趋势。2016 年《国务院办公厅关于印发〈促进科技成果转移转化行动方案〉的通知》及 2017 年科技部、中央宣传部《"十三五"国家科普与创新文化建设规划》中均在不同程度上强调科普产业化问题。

基于科普产业发展市场化科普服务，一方面需要积极推动科普服务与传统商业活动的融合，打造"科普+旅游""科普+游戏""科普+电影"等多种"科普+"的新业态。另一方面需要以科普产业化推动供给机制的创新。主张将科普服务视为一种文化服务，推进科普服务供给体制的改革，实行公益性科普与市场化科普并举发展，形成双重服务供给体制。也就是说，国家各级科普部门主要面向社会公众提供基础性科普服务，并将这类科普服务作为国家现代公共文化服务体系的重要组成部分。与此同时，鼓励各类市场主体基于自身科普资源、技术优势、平台优势提供商业化科普服务。两类服务各有取向，但互为补充。

（二）基于新兴传播技术的信息化科普

近年来，推进科普信息化建设是国家科普能力建设的重要方向。科普信息化建设的目的是构建线上与线下一体化的国家科普工作体系，其创新点在于以下三个层面。

1. 推动传统科普资源的在线传播　　打造科学权威的"科普中国"网站，鼓励各类科研结构、社会主体或个人参与建立其他专业科普网站，发展科普新媒体，共同将线下科普资源推送到网络平台，打造在线科普品牌和精品栏目。同时，积极发展移动科普平台，建设如"中国科学探索中心"公众号和其他移动客户端，发展在线科普超市和科普云。

2. 以新媒介技术推动科学传播方式的创新　　改变传统以图文为表达元素的纸媒传播，发展以声像为主的视听传播。以动画动漫、纪实影像、科幻电影、科学访谈类电视广播节目等形式，推动科学传播媒介由传统媒体向融媒体转向。

3. 以新兴数字技术发展新型科普形态　　依托人工智能、虚拟现实等新技术建设在线科普实验室、在线科普互动社区、在线知识分享平台，鼓励各类市场主体将科普融入在线教育、在线生活与健康服务、在线娱乐休闲等活动，开发基于社交分享和位置服务的在线科普游戏、在线健康科普等互动参与型科普产品，推动科普服务种类的多元化。

（三）基于人民生活需求的精准化科普

科普最为本质的目的在于唤醒社会的理性，让科学精神成为社会的自觉意识，让公众掌握科学的知识，运用科学的方法去解决现实问题，提高生产效率和生活质量。正如中国科协党组书记怀进鹏所指出，进入新时代，中国科普事业肩负着神圣使命，满足人民群众对美好生活的向往，践行以人民为中心的发展理念，以全民科学素质的持续提升构筑未来发展新优势，厚植国家创新发展的科技和人力资源基础，必须以新的理念武装科普工作。笔者认为，给予人民的美好生活需求，未来科普工作，特别是政府主导的公益性科普服务应围绕国家基本公共服务的领域，加强供给与需求的有效对接，提升精准科普服务能力。

一方面，需要建立多主体的科普服务协同机制，形成强大的科普合力。首先，需要各级政府做好顶层设计，建立各级科普资源信息库，收录各级科普组织的科普服务项目与内容信息，打造各级科普服务的供给平台（supply side platform，SSP），为政府根据公众科普需求调配有效的科普资源创造条件。其次，建立公众科普需求的在线表达机制，建立科普服务的需求平台（demand side platform，DSP）。例如，某城市社区可以就该社区居民的实际需要在线申请相应的科普服务内容和服务方式，并由政府根据公众需求去协调科普服务的供给，构建多主体协同参与科普服务的供给机制。最后，探索建立科普服务成效的评价体系，使得科普受众可以通过各类媒介对科普工作成效进行反馈式评价，以发现存在的问题并进行相应的改进，进一步提升科普的精准性。

另一方面，需要借助大数据管理的思维，调查研究社会重点人群的共性需求和科普服务偏好，进行针对性科普服务。例如，针对农村居民，可以重点围绕节能环保、生态保护、科学农耕、应急避险、健康生活等与其日常生活息息相关的领域进行科普，将科普转化为改善村民生活和生产的能力，增强公众参与科普的获得感。

（四）基于公众参与科学的众包化科普

伴随互联网的发展，利用公众智慧共同参与企业生产与服务活动的众包模式正在兴起，不仅宝洁、星巴克、耐克等全球知名公司发展了众包平台，而且还诞生了如 InnoCentive、Science Exchange、Idea Connection 等众包社区。当前，众包模式不仅引起了学界的广泛关注，而且，其适用范围正从商业领域向更广泛的社会领域扩散，其中就包括与科学有关的众包活动。尤其随着科研众包的发展，不少西方国家的科研机构开始招募和吸纳公众进行天文监测、自然物种跟踪记录与保护等科普活动。例如，英国牛津大学组织公众参与天文星系在线分类的"Galaxy Zoo"活动、联合国世界粮食计划署开发的"Free Rice"众包科普游戏等。此类现象表明，众包科普具有广泛的社会基础和科普产业化的潜质，为"基于科普产业的发展提升国家科普能力建设"提供了一种新的思路。

在此背景之下，未来科普应该积极转向"公众参与科学"的科普新范式，鼓励各类科普主体、组织和个人发展线上与线下相结合的公益性或商业性众包科普项目，邀请公众共同参与科普内容创作、科普设施的设计与制作、科普项目的策划与运营等活动，探索各具特色的众包科普服务模式。

随着创新"两翼论"的提出及公众对科普需求的日益增长，加强新时代的科普能力建设、提升公民科学素质再次受到党和国家的高度重视。审视新时代科普工作面临的新形势，未来国家科普能力建设应在市场化、信息化、精准化和社会化四个方向上寻求新的突破。同时，需要探索构建国家科普能力评价体系，通过评价对国家以及各区域省份进行科普能力建设的动态监测，针对能力不足领域实施针对性的提升计划。

第二节　中国科学文化建设价值走向

一、科学文化建设问题的提出

长期以来，科学普及一直承担着国家面向公众的科学知识普及，提升全民科学素质，推动着科学事业健康发展的重要使命。时至今日，虽然科学知识得到重视，但同属科学文化范畴的科学方法、科学思想、科学精神等远未得到公众理解和内化，社会对科学文化的认识程度还比较肤浅。近年来，随着"大众创业、万众创新"国策的实施及科技体制改革的深入推进，我们传统的"科普"框架偏重于科学知识的传播，难以促使社会公众形成对科学精神、科学制度和科学方法的全面认识与理解。随着互联网的飞速发展，公众借助网络获取科学知识已经极为便捷，传统科普工作应有新的目标转向。在此背景下，已有越来越多的人士提倡，现阶段的科普工作重点应该转向系统性的科学文化建设。他们主张以"科学文化（scientific culture）"拓展"科普（science popularization）"概念，在文化层面上探索科普或者说科学传播的新思路和新目标,相关学者包括 R. Shukla、Martin Bauer、Carols Vogt、刘钝、郑念、袁江洋、江晓原、徐善衍、马来平和刘立等。

究竟何谓科学文化？有人认为,科学与文化不是并列的关系,而且科学不能凌驾于文化之上,文化较之于科学是更基本的范畴,科学应该被理解为文化的一部分。也有人认为,科学文化是理性的人文文化,应当包括科学知识、科学方法及科学精神等层面。科学不但是系统化、理论化的知识体系,也是一种融知识、观念、精神于一体的文化。科学文化是一套价值体系、行为准则和社会规范,蕴含着科学思想、科学精神、科学方法、科学伦理、科学规范和价值观念、思维方式,是人们自觉或不自觉遵循的生活态度和生活方式。综合来看,本书认为,所谓的科学文化,是指在科学研究活动中由科学共同体创造、继承并被社会公众认可与遵守的价值理念、行为方式和制度体系。这种理解既包括了科学共同体"内部文化"的形成过程,也包括科学文化作为独特的社会子文化存在的"外部化"过程(图11.1)。这两个过程实质上诠释了科学文化存在与发展的基本方式,即：一是从思想层面,科学家及科学文化工作者(包括科学哲学、科学史、科学社会学等)对科学的文化内容进行第一度阐发,然后渗透到人文学者、文学家和艺术家等,并通过大众传媒进入大众话语体系。二是从生存层面,科学的技术已经渗入到人类生存的所有方面,科学文化是人类生存背景的重要组成部分。

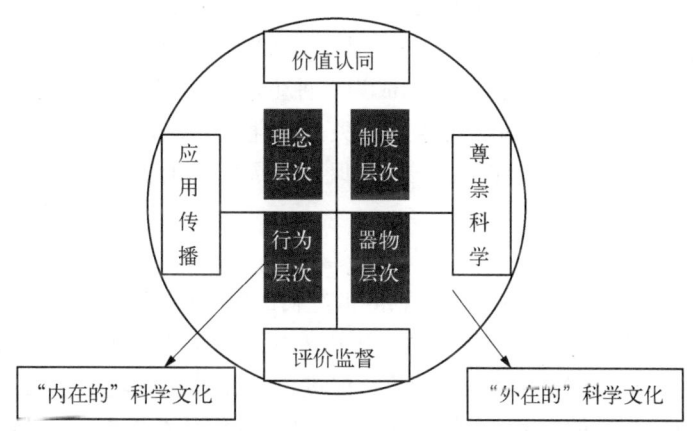

图11.1　科学文化的基本结构

无论何种定义,现有研究基本形成一个共识,即科学文化建设正在现代科普工作的新方向,也在实践层面为公民科学素质建设开创了新视野。例如,有研究指出,需要深刻认识科学作为文化形态的社会功能,因为当前科学文化建设对于我国的创新型国家建设和创新驱动发展战略的实施具有基础性的保障作用,而科学共同体内的文化建设又是全社会科学文化乃至社会文化建设的基础。对于如何建设科学文化问题,清华大学李正风教授认为,需要建立公共科学服务体系,推动科技、文化、传播领域跨界融合,发展中国科技文化传播产业,利用大数据和虚拟现实技术,创新科普教育手段等。

综上可见,尽管科学文化已经备受学者推崇和探究,但关于科普与科学文化的关系仍然存在"替代""并行"和"包容"等多种观点之争,而且对于中国科学文化建设的宏观设计问题也正处于探讨之中。鉴于此,本章将要探讨两个问题：一是厘清科普与科学文化的关系,回答科学文化是否存在替代"科普"的问题;二是厘清中国科学文化建设的时代背景,并对我国科学文化建设的未来走向阐述一些浅见。

二、从"科普"走向"科学文化建设"

(一)科学无处不在的现实

在我国,自从"科学技术是第一生产力"的论断提出以来,科技发展迅猛,科学与经济社会的关联正在不断加深,科学与普通民众生活的交融也在不断深化。科技不但促进了社会生产方式的高级化和生产力的进步,也为人们创造了丰富的现代化生活工具,科技对整个社会交往的影响正在深刻改变社会的空间结构和社会交往模式。科技发展的功能与价值激发了人们对科学的偏执与热爱,对科技盲目崇信与依赖正在弱化科学应有的质疑与理性精神。一些技术引发的危机与灾难在最近一百年之内已经屡屡重现,现实中有关食品安全、环境污染及公共安全等社会风险问题,都与科学伦理缺失引发滥用不无关联。与此同时,一种奇怪的现象是,科学越是快速发展,伪科学和迷信思想往往在社会领域也异常盛行,这个问题可从当前社交媒体中伪科学言论肆意弥漫与传播中得到验证。系列迹象表明,科学的健康发展需要建构适应科学理性发展的文化土壤,通过科学文化的植入与培育,不仅仅在于维系科学本身的可持续发展,更在于唤醒社会公众并掌握科学的思维和方法,学会科学地看待"科学",而不是一腔热情地盲目崇信,或者在科学无处不在的时代抱有远离科学、置身于外的不切实际的幻想。正如研究所指,随着科学的迅猛发展,由于思想革命和产业革命的双重催生,科学成为一种主流文化,获得无上的权威,但是,作为工业文明主导的科学文化又似乎变得越来越失去文化的内涵,产生了所谓的文化迷失与人文缺失等异化现象。因此,建设科学文化,既是发展科学的需要,也是促进人们形成科学与社会关系正确认知的需要。

(二)"科普"走向"科学文化建设"问题

关于科普与科学文化关系问题上,从 20 世纪初的"科玄论战"到新文化运动引发的科学思潮,人们看到了科学普及的重要价值。国内外大量研究也证实,科普是提升公民科学素质最基本的方式,也是国家推动科技创新、促进科学在其应有轨道上发展的基本行动,但是,随着公民科学素质的提升,已有不少人士感到,我们传统的"科普"过于注重科学知识的传播和教育,忽视了公众自发亲近科学、理解科学的一面,解决这个问题需要拓展科普概念,转向科学文化建设,有些人甚至主张以"科学文化"替代"科普",因为在其看来,"科学文化"这个概念不仅可以包容科学史、科学哲学、科学社会学等研究领域,更重要的是它也可以包容原先传统的"科普"。

需要肯定的是,从这种"替代关系"的判断体现了科学文化比科普在内容范畴上更具有的"包容性",但是这是否意味着科普将会因替代而逐渐消失呢?笔者以为,科学文化既是科普的出发点,又是目标。无论是公民科学素质还是科学文化,都应该认为是科普工作的成果,因为科普是科学文化"社会化"的路径,也是手段。因此,我们可以说,科普现阶段的任务是提升公民科学素质,下一个阶段应该是建设科学文化。二者不存在绝对的替代关系。换句话说,现阶段的科普工作仍然十分必要,而且应该加强,以便更好地为科学文化建设及科技创新发挥好应有的功能。正如 2016 年习近平总书记在"科技三会"上所说,

"科学普及和科技创新是创新发展的两翼,要把科学普及放在与科技创新同等重要的位置,真正使科普工作强起来。"提倡科学文化建设并不意味对传统科普的全盘否定,从创新角度而论,无论是科普还是创新,应该说,都离不开科学文化的建设,科学文化建设是二者的基础。反过来,科学文化为科普提供了重要的社会基础与氛围,而科普又是建设科学文化的重要路径,创新亦然。

那么,如何正确理解"科普"走向"科学文化建设"问题呢?笔者认为,这种"走向"除了科学文化对科普具有较好的"包容性"之外,可能还在于,传统注重科学知识普及的传统科普方式,忽视了其原有的本位价值,即如何让科学本身应有的理性为原核,在社会形成一种科学的文化土壤,让民众在感知科学的同时自发自觉自然地秉持科学应有的理性与批判精神,运用科学的思维和方法去审视科技与经济、政治、社会、生活、文化等多重关系,从而达到正确地认知科学、理解科学和应用科学的目的。也就是说,科学文化建设更强调科学素质的"知行合一"。现阶段的公民科学素质建设更多偏向"知"的增长,而较少关注"行"的科学应用问题。总体而言,正因为科技事业的发展,才有了科学文化建设的呼唤,而且理解科学文化已经成为中国新世纪科普的战略性课题。

(三)科学文化建设的功能价值

优质的科学文化已是科学创新不可或缺的土壤。纵观全球,一个国家或地区拥有高质量、可持续性创新行动,已不可能离开优质科学文化的培育和弘扬。早在 2001 年,欧盟委员会就提出了"科学与社会行动计划",明确强调了科学文化培育问题,帮助公民提高科学素养并具备科学思维,使其在参与社会化、全球化问题的讨论与互动时,能积极影响政府决策、影响科研与科学知识的创造与应用,提高欧洲的整体竞争力;主张把欧盟科学文化资源数字化看作是对欧洲未来的投资,并采取一系列措施,从组织机制、政策法律、技术研发等方面大力推动科学文化资源的传播、保护和再利用。此外,美国早在奥巴马政府时期,就屡次在"创新美国战略"(Strategy for American Innovation)中提到创新生态建构问题,其本质在于推动国家科学文化系统建设,以支持美国赢得持续的创新优势。综合来看,系统性进行科学文化建设已经成为全球创新领先国家的共识之举,被列为国家创新能力建设的基础工程。我国科学文化建设符合当今世界科学发展领域的共同趋向,具有重要的现实意义和战略价值。建设符合我国发展规律且富有中国特色的科学文化不仅是支撑我国科学事业健康发展,促进全社会投身于创新创业热潮,推动创新型国家战略实施的手段之一,也是提高全民科学素质、传承弘扬中华传统科学文化,树立国民文化自信与自觉的务实之举。

三、中国科学文化建设的未来走向

当代世界和中国,大数据正在让世界科技共同体变得更加合作和开放,"互联网+"为科学研究和产业部门搭建了前所未有的新平台与新空间,众筹、众包、众创技术和跨部门、跨学科协同为科技创新活动提供了激动人心的模式选择,新媒体和人工智慧技术为公众理解科学、促进科学传播提供了引人入胜而又充满奇思妙想的思路与方案。本书认为,建设中国科学文化需要在以下"四个走向"中进行培育。

(一)科学文化建设需要从"自我发育"走向"主动培育"

科学文化是作为"人类文化家族中的后来者,是人类文化发展到较高阶段的产物"。

清华大学李正风教授认为,在西方,从 18 世纪延续至今,科学文化建设有一个完整的"自我发育"过程。相比较而言,在我国近现代化以前,这种"科学文化大众化"的轨迹并不明显,科学文化于中国这样的科学后发国家而言,是一个与本土传统文化的冲突与融合问题,也是一个文化觉醒的过程。这个过程既是伴随着中国科学的不断进化而发展的,同时又主动去挖掘中国传统文化所特有的科学基因与特质,形成当前中国科学文化的正确表达和构建思路。也就是说,中国科学文化缺乏本土性的"自我发育",更多地需要"主动培育"。

(二)科学文化建设需要从"单一需求导向"走向"双重需求导向"

基于"科学文化是科学共同体内部的制度文化"的传统理解,一般认为,科学文化建设只需契合科技体制改革与科学良性发展的"单一需求",其建设目标应从属于当前科技体制改革的方向。现实的情况是,科学文化既有科学领域的属性,又有社会文化的特征,而且基于"科学文化应当建设成为全社会共同尊崇的社会公共文化"的判断,我们认为,我国的科学文化建设不仅需要关注科技体制改革的需求,还要契合国家文化体制的需要,即关注双重需求。一方面需要准确把握影响国内科学发展的不合理的体制机制问题,并从文化变革的角度提出解决方案;另一方面,需要从当前国家文化体制改革的重点目标,特别是从"中华文明复兴与文化强国工程"战略出发,研究传统文化中科学成分,在全社会大力弘扬传统科学精神和科技哲学思维,并让科学文化称为全民文化自觉与自信的重要内容,与此同时,通过科学文化的国际化传播和文化输出,提升中华民族文化的国际影响力。

(三)科学文化建设需要从"圈子文化"走向"社会文化"

从欧美发达国家的科学文化建设经验来看,科学文化建设是由内及外、内外结合、内外兼修的过程,也就是将科学文化作为科学共同体的内部"特质文化"外化为公众认可与推崇的一种满足社会公众科普需求的"公共文化"的过程。强调科学并不凌驾于其他文化传统之上而具有特殊的优越性,应当从强势文化走向平权文化,回复科学技术的文化本性,成为理性的人文文化。这个过程并不能仅仅依靠科学共同体的"文化外溢",还需要社会多方主体的"主动融入",即科学文化建设既需要政府部门的顶层设计和政策规划,更离不开科研组织、科学传播组织的全力参与,也需要社会科技中介组织、企业、社会团体和公民的积极配合。也就是说,科学文化建设是一个涉及多主体合作的过程,在这种寻求多种主体有效协同以推进科学文化建设的思路下,如何实施低门槛政策,吸纳更多的社会行动主体进入科学文化的公益事业和经营性产业领域,发展稳定的多主体协同的行动者合作网络是解决科学文化建设的行动机制。

(四)科学文化建设需要从"自主发展"走向"国际传播"

在全球一体化时代,开放性是任何类型文化的典型特征,科学文化亦不例外。科学文化建设不仅仅需要埋头"自主发展",更需要加强与国际科学文化的对话与交流,在借鉴中为我所用,在交流中传播中国科学文化的特色。一是通过学习借鉴国际先进的科学文化建设经验,借鉴以美国、英国、德国和芬兰等创新领先国家的科学文化建设及国际传播经验,熟悉国际领域科学文化传播的基本模式,为国内科学文化培育提供有益参考。二是挖掘整理中华五千年文明中具有象征性的科学故事、科学典籍、科技人物,探索运用国际话语体系在世界主流传播平台表达中国科学精神和价值伦理,传播中国科学家的整体精神风貌、科研体制优越性,弘扬中国科学故事,扩大世界影响力,促进科学研究领域的国际合作。三是构建常态化的国际科学文化交流机制,鼓励民间科学文化国际交流,塑造具有国际影响力的中国科学文化品牌、活动仪式与产业等。大力支持科学文化国际交流与宣传活动,使科学文化国际交流规范化、制度化。

科学文化体系既包括科学共同体的内在体制文化,也包括社会崇尚科学、参与科学及鼓励创新的外在体制文化。在"四个走向"的总体趋势下,建设中国科学文化需要实施五大工程,即科学精神凝练与社会内化工程、科学文化传播与科学普及工程、科学共同体制度准则规范工程、科学基础设施共建与普惠工程、社会氛围净化与全民参与工程。同时,在建设机制上,由于科学文化建设涉及政治共同体、科学共同体、教学科研系统、科普产业组织、科学传播组织、社会公众等多类行动主体。因此,在这些不同主体之间构建有效的行动者网络体系,使各群体肩负不同的职责与任务,在行动中保持彼此协同,这是推动我国科学文化建设最为重要的工作机制。

第三节 新时代上海科普发展新战略
——构建大科普格局,实现高质量发展

党的十九大做出了"中国特色社会主义进入新时代"的重大战略判断,从而确立了我国发展新的历史方位。科学普及是实现创新发展的两翼之一,是浓郁创新氛围、提升科学素质的社会基础性工程。当前,上海加快向具有全球影响力的科技创新中心进军,全力打响"上海服务""上海制造""上海购物""上海文化"四大品牌,对进一步做好科普工作提出了更高要求。建设全球科技创新中心,全力打响"四大品牌",把科技创新摆在发展全局的核心位置,必须树立"大科普"理念、构建"大科普"格局,既要激发创意、营造有利于科技发展的良好氛围,也要宣传创新、形成有利于科技创新的正确导向、传播和集聚创新正能量,更要服务创业、促进科技创新成果转化应用、实现科技创新价值。

一、新时代对上海科普工作提出的新要求

推动新时代的科普发展,构建"大科普"格局,必须准确把握中国特色社会主义新时代对科普工作提出的新要求,大力提升工作质量和效益,努力开创科普事业发展新征程,更好满足人民日益增长的美好生活需要,推动人的全面发展,实现社会全面进步。

(一)坚持以人民为中心,把适应新矛盾作为科普工作的基本遵循

坚持人民立场,心系人民才能造福人民。中国特色社会主义进入新阶段,我国社会主要矛盾已转化为人民日益增长的美好生活需要和不平衡不充分的发展之间的矛盾。作为与人民美好生活息息相关的科普事业,也要积极顺应我国社会矛盾的这一重大历史性变化,着力解决好发展不平衡不充分问题,把满足人民群众对美好生活的需要作为科普工作的出发点和落脚点,实现科普服务的公平与普惠。

(二）突出政治引领，把贯彻宣传新思想作为科普工作的重大任务

党的十九大把习近平新时代中国特色社会主义思想确立为党的指导思想，具有划时代的重大意义。科普工作要把宣传和贯彻落实习近平新时代中国特色社会主义思想作为重大政治任务，大力宣传以习近平同志为核心的党中央对科学普及、科技创新工作的高度重视和支持、对科技工作者的高度关怀和关爱，引导社会公众特别是科技工作者不断加深对中国特色社会主义的思想认同、理论认同、情感认同。要加大对科技创新重大成果、优秀团队、重点政策举措的宣传和普及，让社会公众更多地了解、理解、参与科技创新，在全社会凝聚共识，汇聚创新正能量，推动形成创新发展的强大合力。

（三）聚焦高质量发展，把培育发展新动能作为科普工作的重要方面

十九大报告指出，我国经济已由高速增长阶段转向高质量发展阶段，正处在转变发展方式、优化经济结构、转换增长动力的攻关期，必须在中高端消费、创新引领、绿色低碳、共享经济、现代供应链、人力资本服务等领域培育新增长点、形成新动能。科学普及是万众创新、大众创业的重要领域，面对经济新常态，我们要把培育新动能、形成新的经济增长点作为科普工作的重要方面，以繁荣科普市场、培育科普产业为突破口，鼓励和支持社会公众围绕科普相关领域开展创业实践，在展教具、图书出版、影视、玩具、游戏、旅游、网站等领域，催生具有科普功能的新业态，增加市场化、专业化科普服务供给，集聚形成科普产业集群。

（四）注重开放协同，把深化长三角区域合作作为科普工作的重要支撑

长三角是我国经济最具活力、开放程度最高、创新能力最强的区域之一，也是"一带一路"与长江经济带的重要交汇地带。习近平总书记指出，上海要发挥龙头带动作用，不断推动长三角地区实现更高质量一体化发展，更好引领长江经济带发展，更好服务国家发展大局。李强书记提出，要以更加强烈的使命担当、更加积极主动的行动和更高的工作标准，对推动长三角地区更高质量一体化发展进行再谋划、再深化，并以钉钉子精神推动落实。科普工作要以围绕长三角实现高质量一体化发展的战略目标，强化与苏浙皖及相关城市的合作交流，促进上海具有美誉度的科普活动、科普资源向国内外辐射扩散，让更多的人享受和共享。

（五）对接"四大品牌"，把塑造科普品牌作为科普工作的重大举措

打响"四大品牌"是上海更好落实和服务国家战略、加快建设现代化经济体系的重要载体，是推动高质量发展、创造高品质生活的重要举措，也是上海当好新时代全国改革开放排头兵、创新发展先行者的重要行动。对接全力打响"四大品牌"的战略要求，科普工作要树立以品牌为核心、以需求为导向的发展新思路，打造更多引领时代潮流、具有鲜明上海特色的科普新品牌，为上海打响"四大品牌"注入科普力量。

二、大科普：新时代上海科普工作的新定位

大科普是随着"大科技"的发展应运而生的，它既是科技自身发展的必然结果，也是经济社会发展的必然选择。"大科普"是相对于"部门科普""领域科普"而言的，所谓"大科普"就是指全社会的"科普"，是指科普成为全社会的共同责任，成为各行各业、各个部门的共同工作。当前，学科交叉化、技术集成化的趋势日益明显，科技与经济、社会、文化的融

合直接促成了"大科技"的产生,也就需要"大科普"与之相匹配、相呼应。从总体上看,与传统意义上的"部门科普"或"领域科普"概念相比,"大科普"具有以下鲜明特征。

(一)科普内容的综合性

科普内容的综合性越来越强,呈现纵向不断延伸、横向不断拓展的发展趋势。一是自然科学与人文社会科学有机融合,"大科普"的内容不仅仅是自然科技知识,还包括经济、管理、法律等人文社会知识;二是知识、方法、思想和精神有机统一,"大科普"不仅普及和传播科学知识,更重视创新方法的培训,创新思想和创新精神的宣扬;三是科普、娱乐、体验、生产相互促进,科普与艺术、旅游、体育及各类生活生产活动的结合更加紧密,寓教于乐、寓教于玩,让人们在潜移默化中感受和体验科技的无穷魅力成为"大科普"的重要方式;四是创意、创新、创业纵向延展,随着创新链的不断延伸和扩展,科普不仅仅关注科技创新,更需要激发创意、推动和服务创业,适用技术技能和创新创业知识的教育培训都应纳入科普范畴。

(二)科普对象的全覆盖

以公众为本的互动性是"大科普"的本质属性。在"大科普"格局中,"人人从事科学传播、人人享受科普服务",追求科普对象全覆盖及科普服务均等化,以提高全民科学素质为宗旨,针对各类公众群体全方位开展科学知识、科学方法、科学思想和科学精神的普及,是"大科普"发展的必然要求。科普工作贯穿于职前、职中、职后的全过程,形成科普教育的终身体系。公众由更多地接受和理解科学转向更加积极地参与科学,他们不仅仅是科学传播的受众,也是从事科学传播的主体,"人人既是接受者、享受者,也是传播者、从事者"。

(三)科普机制的社会化

科普工作机制的社会化和市场化,是形成"政府引导、部门协作、社会参与、市场运作"的"大科普"格局的原动力。在"大科普"格局中,科普成为各行、各业、各部门的自觉行为。政府发挥政策、资金的鼓励和引导作用,市场机制在科普资源优化配置中发挥决定性作用,各类社会主体和机构积极参与科普事业,公益性科普事业与经营性科普产业互动发展,形成多元化投入、多渠道兴办科普的局面。

(四)科普方式的多元化

科普方式和科学传播载体的多元化和多样性是"大科普"的重要体现。随着现代信息技术、显示展示技术的发展,传统大众媒体的科学传播功能、科学普及效果将得以改进和提升;微博、微信、APP等新媒体手段在科学普及上的应用更加广泛。此外,电子屏、幕墙、画廊等各类社会化宣传载体的科普功能也呈现出勃勃生机。在"大科普"理念下,任何物体既是科普的对象,也是科普的载体和渠道,科学普及将无处不在。从科普的方式和载体角度看,"泛在科普"就是"大科普"的最好诠释。

(五)科普工作的国际化

国际视野是"大科普"发展的必然要求,"大科普"在本质上就是"国际化的科普"。在一个开放的世界,科学传播和科学普及也必然要求开放,加强国际合作交流。在功能辐射上,科技传播和科普要实现从注重本地化向本地化、区域化、国际化有机结合的转变,重视引进国外优质的科普资源,同时,将自身推向国际、融入全球科普格局,在国际舞台上树立创新、开放、专业的良好形象。

三、新时代上海科普发展的基础和优势

"十三五"以来,上海科普发展以能力建设为主线,以提升公众科学素质为导向,着力激发创意,积极宣传创新,主动服务创业,重大工程加快落实,科普工作社会化、市场化、国际化、品牌化程度进一步提升,市民科学素质继续保持全国领先水平,与具有全球影响力科技创新中心相匹配的科普工作格局加快确立,科普已成为市民文化生活的重要组成部分,科普工作的显示度和惠民度加速提升,为新时代新起点实现更高质量新发展奠定了坚实基础。

(一)注重开放融合,社会化科普格局进一步健全

开放协同是现代科普发展的重要趋势。"十三五"以来,全市科普工作坚持上下联动、左右协同,"政府引导、部门协作、社会参与、市场运作"的"社会化大科普"工作机制进一步健全。

1. 加强部门协同　　充分发挥上海市科普工作联席会议的协调作用,在市科普工作联席会议的基础上,建立了"4+1"科普工作模式,即每季度召开一次科普工作例会,每年召开一次全市科普工作会议,进一步强化了各部门、各区及市区间的科普工作合力。各成员单位充分发挥各自的职能优势,深入开展针对不同人群的科普活动,推动了全市大科普工作格局的形成。例如,上海市委宣传部围绕上海市2013~2017年的重大科技成果和科普工作进展,于2017年举办了"逐梦新时代·上海2012—2017"大型主题展览;2017年5月30日,在首个"全国科技工作者日"前后,上海市科协以"精忠报国、敢为人先、求真诚信、拼搏奉献"为主题,组织市级学会、区科协及基层科协组织等共同开展系列活动;团市委、市科协、市教委等多家单位联合举办了第十五届"挑战杯"大学生课外学术科技作品竞赛。

2. 强化市区联动　　拓展渠道、创新机制,鼓励各区积极参与全市性的重大科普活动,进一步加强市区联动,形成市区科普工作合力。例如,浦东新区积极承接国家和市级重大科普活动任务,2017年举办了"一带一路"青花瓷展、"2017上海国际科普文艺展演"等活动;黄浦区、徐汇区等12个区组团科技园区、科技企业参展2017上海国际科普博览会;静安区开展"走进自然,感受科技——静安市民科普行"系列活动;闵行区举办了第三届上海国际自然保护周"人与自然——发现"主题摄影展。

(二)聚焦产业孵育,市场化发展机制更加完善

科普产业是科普社会化、市场化的必然趋势,科普发展必须事业、产业并重。"十三五"以来,上海以培育"互联网+科普"产业为重点,加快推进科普宣传内容创新、手段创新和形式创新,科普的市场化发展机制更加完善。

1. 建设科普产业孵化基地,培育科普产业　　2017年5月,上海市科委在虹口区建立了全国首家科普产业孵化基地——方糖小镇科普产业基地;2018年5月,上海市科委与徐汇区政府签订了《上海市科普产业孵化基地建设备忘录》,依托氪空间·徐家汇社区建设了上海市第2个科普产业孵化基地,经公开征集,首批共有"妙小程""科学盒子""星趣科普""码趣学院""精练"等10个科普创业企业入驻孵化基地;至2018年底,5个科普创业企业获得社会资本投融资,其中种子轮投资1个、天使轮投资3个、A轮投资1个。

同时,上海市科委还与宝山区合作,依托智慧湾园区建设科普公园,在打造科普体验场所的同时,进一步探索公益性与市场化相结合的运作机制,培育孵化一批以科普服务为主营业务的社会化、市场化专业机构。至2018年,全市共建成科普产业孵化基地2个,在建1个,共培育科普创业企业14个,企业自发成立上海科普产业联盟,上海科普产业初具雏形。

2. 联合行业龙头企业,推动"科普+产业"深度融合　　2017年,上海市科委与百联集团签署了科技创新和科学普及工作合作框架协议,双方以科普集市、特色主题展等形式开展科普领域的深层次合作,推进科普展览内容和商业展陈模式创新,做大做强科普品牌,"自然趣玩屋""如何复活一只恐龙"等系列科普活动深受消费者喜爱。同时,加强与上汽集团、跨国公司在沪研发机构等企业的合作,动员和吸引它们积极参与上海科技节等重大科普活动,促进科普与产业、科普与商业、科普与研发的深度融合。

(三) 拓展合作交流,国际化科普影响持续拓展

"十三五"以来,上海坚持以国际视野谋划科普发展,深化国内外科普合作交流,拓展科普工作格局,扩大科普工作影响面和辐射力。

1. 以长三角为重点,深化国内合作　　长三角科普资源共享不断深化,2018年科技节期间,沪苏浙皖三省一市多家科普场馆共同成立了"长三角科普场馆联盟",致力于推进科普教育、展示、收藏和研究等方面的深入交流,形成"产-学-研-用-展"一条链,实现馆间、馆企、馆研、馆校协同发展,共同推动长三角一体化。加大科技(普)扶贫对口支援,上海市科委、上海科技馆、沪杏科技图书馆、上海西马特机械制造有限公司4家单位获"2017年全国科技活动周'科普进西藏'活动先进集体"表彰。干频、曹宏明、梁兆正、顾卫东、梁小玲5位同志获"2017年全国科技活动周'科普进西藏'活动先进个人"表彰。

2. 以"一带一路"为引领,拓展国际交流　　加强与泰国、马来西亚、菲律宾、埃及、巴基斯坦、乌兹别克斯坦等"一带一路"沿线国家和地区的科普交流合作,共同策划开展了"青出于蓝——青花瓷的起源与发展"展、"星空之境"展,打造具有国际影响力的科普成果交流平台。2017年科技节期间,举办了科技节国际沙龙、"一带一路"国际科普乐园等多个国际化活动,来自欧洲科普活动协会、马耳他科学节及捷克、波兰、荷兰、匈牙利、马来西亚、新加坡等多个国家和国际组织的科学家和优秀科普工作者参加了相关活动,进一步拓展了上海科普活动的国际参与度和影响力。上海市教委和上海市科委共同主办的上海国际青少年科技博览会已成为国内乃至亚太地区规模最大、知名度最高的国际性青少年科技交流品牌活动之一,受到广大青少年的欢迎,形成了较好国际影响力。

(四) 突出绩优高效,品牌化科普活动不断涌现

"十三五"期间,上海以品牌化为导向,探索切合自身实际的特色活动和项目,上海科技节、全国科普日、少年爱迪生、国际自然保护周、上海科普产品博览会等一批科普品牌的"美誉度"和吸引力不断增强。

1. 上海科技节品牌影响力加速提升　　2018年上海科技节期间,全市共举办各类科普活动1 600余场,主会场及分会场主要活动网络视频直播点击量超过1 000万。300余家科普教育基地向公众免费或优惠开放。100余家高校、科研院所的重点实验室、世界500强

企业邀请公众走进实验室,拉近科技和公众的距离,让公众感受科学的魅力。上海科技节已成为继上海国际电影节、上海旅游节、上海国际艺术节之后的又一重大品牌活动。

2. 一批知名品牌获得广泛好评　　百万青少年争创"明日科技之星"、《少年爱迪生》、《未来说》、上海国际科技艺术展演、上海国际自然保护周、《十万个为什么》等重大科普活动的品牌知名度、社会参与度、群众美誉度不断提升。例如,大型青少年科学梦想秀节目《少年爱迪生》成功播出五季,节目最高收视率达5.4%,有效锁定4~14岁和35~65岁两大收视人群,节目"含金量"位居同类节目之首,连续两年荣获亚洲电视大奖最佳儿童节目提名奖,并获上海市科技新闻奖一等奖和上海市科技进步奖二等奖。又如,上海市青少年"明日科技之星"评选活动自2003年开始,至今已经举办了十五届。每年有数千份优秀作品入选,评出50名"明日科技之星"和50名"明日科技之星提名奖",并将奖项纳入高中生综合素质评价,活动形成了一套具有特色和公信力评价体系,力求科学、公平、公正地选拔品学兼优的青少年科技人才。

(五) 着眼持续发展,长效性科普能力建设不断深化

按照全面深化改革要求,着眼未来持续发展,进一步创新科普工作思路,着力壮大面向一线的科普工作队伍、保障多元供给的科普工作经费、健全植根基层的科普设施体系,不断增强科普公共服务能力。

1. 科普人才队伍建设持续推进　　加强科普培训,2017年共开展面向科普管理者、科普讲解员、科技宣传工作者的业务培训7期,培训科普工作骨干300多名。一批优秀科普人才获得国家表彰。在2017年全国科普讲解大赛中,上海代表队的6名队员全部获奖,其中来自宝山区气象科普馆的田青云、上海自然博物馆的黄麒通获得一等奖,并获"全国十佳科普使者"称号。2016年,上海科普教育发展基金会、上海市科委科普工作处、上海市科普事业中心、上海科技馆展示教育处4家单位,荣获"全国科普工作先进集体"表彰,俞奕、朱贤定、宋林飞、陈文娟等6位同志荣获"全国科普工作先进者"表彰。上海市科学技术协会科学普及部、中共上海市委宣传部宣传处、上海地铁公共文化发展中心、上海市宝山区科学技术协会、上海市科普作家协会5家单位获《全民科学素质行动计划纲要》"十二五"实施工作先进集体表彰,龙琳、钟倩、曹晓清、沈湫莎等6人获《全民科学素质行动计划纲要》"十二五"实施工作先进个人表彰。

2. 科普基础设施进一步优化　　至2017年,全市共建有2家综合性科普场馆、54家专题性科普场馆、273家基础性科普基地、83家社区创新屋、25家青少年科学创新实践工作站及100个实践点,社区科普e站和社区科普大学教学点各1 000多家,形成了覆盖社区、广布全市的科普设施体系。全市平均每44万人拥有一个专题性科普场馆,已达到国际先进水平。部分重点科普场馆形成了广泛影响力,上海科技馆入围全球最受欢迎的20家博物馆,位列第6位。2016年,社区创新屋作为国家优秀科普展项参加"国家'十二五'科技创新成就展",受到了中央领导的高度评价和参展群众的热烈欢迎。

3. 科普传播网络进一步拓展　　深入推进科普信息化,做大互联网科普,科普传播网络进一步拓展。上海市科委依托上海科普云、科普微信、微博等新媒体扩大科普宣传,以项目资助的方式,培育了汽笛声、科萌萌、趣知医、创新WOW等专业化互联网科普平台。同时,加大互联网科普内容投放,通过科普电子屏、社区科普宣传栏等社会化科普载体,在

人流密集场所投放科普内容,进行立体化、社会化科普宣传,扩大科普受众面。

四、新时代上海科普工作面临的新挑战

面对新时代的新形势和新需求,当前上海科普发展还存在一些不适应、不协调的短板和问题,突出表现为"四个不平衡",这对上海进一步构建"大科普"格局形成了新的挑战。

（一）创新与普及不平衡

科技传播链与科技创新链存在一定程度的脱节。创新主体对科普工作重要性的认识不够,在资源投入、条件保障方面存在明显"重研发、轻普及"现象。科技工作者参与科普工作的积极性和主动性不够,在现行的职称评定和考核评价中,科普工作量或科普作品往往被忽略不计。科技创新成果的科普化渠道还不够丰富。科普内容开发缺乏系统考虑和顶层设计,重知识轻思想方法的现象比较突出,对重大科技成果、重要科技人物的宣传还需要加强。

（二）需求与供给不平衡

高端科普供给不足与人民群众日益增长的科普需求之间存在矛盾。随着人们生活水平的提高及其对高品质生活的期盼,其对科普文化的需求也日益增加,但高端科普产品供给能力还存在较大缺口。原创作品和精品仍然比较缺乏,具有优势和特色的传媒资源和电视(台)科普(技)节目还不够丰富。国际性科普平台和项目较少,科普国际化程度与上海作为国际化大都市的地位极不相称。

（三）事业与产业不平衡

公益性科普事业与经营性科普产业尚未形成良性互动的发展机制。科普事业总体上处于以政府推动为主的阶段,社会力量特别是企业从事科普的意愿还比较缺乏。市场化科普工作机制亟待完善,市场在优化配置科普资源中的决定性作用发挥不足,市场化、社会化科普主体在科普发展格局中存在"缺位""错位"现象,民间科普机构严重缺乏。科普产业尚未成为社会的共识,科普市场和科普产业的发育程度还比较低,专门从事市场化科普业务的企事业单位还比较少。

（四）政府与市场不平衡

政府科普管理模式与科普社会化市场化发展趋势不完全适应。现代化的科普治理体系尚未形成,科普治理能力亟须提升。政府管理部门的统筹协调能力亟须加强。科普评估和监测机制尚需健全,科普绩效评估指标体系、公民科学素质监测体系需要进一步优化,科普统计、科普理论和决策咨询研究需要进一步加强。

五、构建大科普格局,引领新时代科普高质量发展

"大科普"促进大发展。面对新形势、新要求,在上海向具有全球影响力的科技创新中心迈进的征途中,上海科普工作应着力转变思路,树立"大科普"理念,构建"大科普"工作格局,聚焦主攻方向和重点领域,全方位、多层次、宽领域推进,为上海建设全球科技创新中心、率先实现创新驱动发展、全力打响"四大品牌"营造良好文化氛围。要聚焦重大任务、重点项目和品牌活动,以点带面,通过品牌活动、精品力作、重点项目的实施,引领科普事业的整体发展、充分发展和平衡发展。

（一）聚焦品牌塑造，扩大社会影响

品牌活动和项目是科普社会影响和社会效益的核心所在。新时代的科普工作要聚焦品牌化这个核心要素，以品牌项目和品牌活动提升科普工作的社会影响和社会效益。要围绕科技制高点、经济增长点和社会民生关注点，集聚政府优势资源，在科普设施、科普活动、科技教育和科技传播等方面，培育形成一批具有鲜明特色的品牌项目和精品内容，彰显上海科普的影响和特色。加强市场化运作，广泛发动全社会力量参与上海科技节，继续为上海市民奉献一场规模宏大、内涵丰富的科技嘉年华。不断创新科普活动内容、形式和组织动员机制，办好全国科普日、上海职工科技节、草坪音乐会、上海科普大讲坛等品牌活动。持续打造《少年爱迪生》《未来说》《十万个为什么》电台电视栏目等品牌节目。坚持高标准、高质量和高要求原则，深入推进"一馆一品一课"发展，鼓励和支持科普场馆挖掘自身特色，培育打造科普场馆特色品牌。

（二）聚焦产业培育，激发工作活力

以提高科普工作效能为导向，顺应网络社会、信息社会发展趋势，应用互联网思维开展科学普及，以培育"互联网＋"科普产业为重点，通过政策扶持、资金支持、资源集聚等多种手段，市区联动、社会协同全方位支持科普产业发展，培育具有科普功能的新业态，逐步建立公益性科普事业与经营性科普产业并举的体制机制。孵化一批立志于科普的创业企业，培育科普产业服务中介机构，加快推进科普宣传内容创新、手段创新和形式创新，丰富科普内容、扩大优质服务供给，满足人民群众日益增长的科技文化需求。

（三）聚焦能力建设，促进持续发展

健全科普教育基地的管理体制和运行机制，促进其与教育、文化、旅游等的结合，大幅度提高科普教育基地的整体服务能力。以公众科普需求为导向，培育一批优质的科普影视、音像、图书、动漫和网络视频等原创科普内容作品。建立健全科普与科研、学术交流、终身教育相结合的机制，引导承担国家和上海科技项目的科研团队，促进科技成果科普化，让科技成果惠及广大公众。加强专业化科普人才队伍建设，开展面向科普教育基地管理者、科普讲解员团队、社区创新屋工作人员、科普志愿者的培训，培养、团结、凝聚一支具有现代科学理念和传播技能的科普工作队伍。

（四）加强开放协同，拓展工作格局

以科普社会化凝心聚力，促进资源整合，形成社会合力，努力开创科普工作的新格局和新境界。完善部门协作机制，进一步发挥上海市科普工作联席会议和上海市公民科学素质工作领导小组的协同作用，鼓励和引导各成员单位深入挖掘部门科普资源，积极探索科普发展新路径。加强部市合作，积极服务国家战略，承接国家级科普活动和项目。完善市区联动机制，加强对区域科普工作的统筹协调，鼓励引导各区从区域资源统筹、共享的角度，以区区联动、区校联动、区园联动的形式，在更广阔的视野范围内探索新型科普合作机制和发展模式。畅通社会力量参与科普的渠道，鼓励和支持社会组织、企业和个人参与科普工作，汇聚全社会科普工作合力，健全大联合、大协作的科普工作格局。加强国内国际合作，既"请进来"也"走出去"，形成"内外联通、合作共赢"的科普开放发展格局。以实施长三角一体化战略为契机，强化国内科普交流，探索联合开展跨区域、跨省市的科普展览展示活动。

第四节　上海培育科普文化品牌探索
——以电视科普节目《少年爱迪生》为例

科普文化品牌既是科学普及事业社会影响和社会效益的核心所在，也是"上海文化"品牌的有机组成部分。《上海市科普事业"十三五"发展规划》提出要，以科普工作的社会化、市场化、国际化、品牌化为导向，注重政府引导与社会推动相结合、公益属性与市场机制相结合，力争到"十三五"末，基本形成一流的科普资源平台、发达的科普内容创制体系、完善的公共服务配送网络、领先的公众科学素质水平。品牌化是上海科普事业发展的重要取向，"十三五"时期上海将围绕科技创新中心建设的重点领域、重大项目和工程等，集聚政府优势资源，在科普基础设施、科普活动、科普内容、科技传播媒体等方面，培育形成一批品牌，彰显科普的社会影响力。

一、科普文化品牌的内涵及特征

（一）科普文化品牌的基本内涵

推进科普品牌化发展，首先必须弄清楚科普文化品牌的内涵及特征。据不完全统计，目前学术界关于品牌的定义不下 30 种。美国市场营销协会（American Marketing Association，AMA）将"品牌"定义为一个名称、名字、标志、符号、设计或其组合，其目的是识别某个销售者或某个群体消费者的产品或劳务，并使之同竞争对手的产品或劳务相区别。管理大师菲利普·科特勒（Philip Kotler）认为品牌是销售者向购买者长期提供的一组特定的特点、利益和服务。"品牌"是一个综合复杂的概念，是商标、名称、包装、价格、历史、声誉、符号、广告风格等内容的总和，是品牌主体所拥有的无形资产的浓缩，并以特定的形象及所拥有的个性化"符号"或"信息"来识别。

城市产业、科技、教育、文化等各领域都有自己的品牌，如产业品牌、文化品牌、企业品牌等，这些品牌都是整个城市品牌的有机组成部分，众多品牌的集聚和影响力的提升，对该城市品牌的效应具有重要作用。作为城市品牌的重要组成部分，科普文化品牌是指在科普工作中形成的受益面广、知名度高、社会效益好的科普设施、科普活动、科普内容和科技传媒等。

（二）科普文化品牌的主要类型

按照科普工作的基本要素，科普文化品牌可分为科普活动类品牌、科普内容类品牌、科普传媒类品牌、科普设施类品牌等。其中，科普活动类品牌包括综合性科普活动（如全国科技活动周、全国科普日、上海科技节等）和专题性科普活动（如青少年科技创新大赛、明日科技之星）品牌等。科普内容品牌主要包括精品科普图书（如《十万个为什么》）、科普电视节目（如美国 Discovery 频道的《流言终结者》）和科普科幻影视作品（如《流浪地球》《黑客帝国》《机器人总动员》《终结者》）等。科普传媒类品牌主要包括科技期刊、报纸或电视（电台）的科技（普）栏目等。科普设施类品牌主要包括知名的科普场馆、科普旅游目的地等。本文的研究案例《少年爱迪生》即属于典型的科普内容类和传媒类品牌。

(三) 科普文化品牌的主要特征

品牌最初是属于商业营销的概念范畴,因此,商业性(市场性)和标识性是品牌的最核心特征。但对科普文化品牌而言,由于科普工作本身具有公益性和社会性,因此,科普文化品牌除具有一定意义的商业性或市场性之外,还具有科技性、文化性、公益性和持续性等重要特征。

1. 科技性　　科普文化品牌要体现一定的科技知识、科学方法、科学精神和科学思想。

2. 文化性　　文化内涵和人文价值是科普文化品牌的核心要素之一,科普文化品牌要注重科技与文化结合,自然科学与人文社会科学的结合,科学精神与人文精神的结合。

3. 公益性　　科普属于公益性社会事业,服务社会公众科学素质的提升是科普文化品牌的使命和归宿。

4. 持续性　　与商业品牌类似,科普文化品牌的培育和打造需要一个长期的探索过程,需要政府及社会各界的长期投入、支持和关注。创新是作为品牌发展的核心动力所在,科普文化品牌需要不断创新,既然称为品牌就具有一定的商业性质,要适应社会历史的发展而不断变化,科普文化品牌不是一成不变的,应不断加以改进、完善和创新,才能不断提升品牌的含金量和附加值,使品牌具有持续发展的生命力。

二、科普文化品牌的影响要素及建设模式

科普文化品牌建设就是要在深入分析科普工作基本要素(活动、设施、栏目、内容等)的基础上,经过挖掘、提炼、开发(宣传、包装)等过程的持续培育和打造,让有关的科普活动或项目在特定的地域范围内形成较广受益面、较高知名度、较好社会效益和影响力。

(一) 科普文化品牌的影响要素

科普文化品牌的形成和发展是多种因素参与科普过程的综合表现。了解创建科普文化品牌的影响因素,有助于我们准备把握科普文化品牌的内涵、特征及其运行规律,从而为科普文化品牌创建奠定理论基础。对任何一个品牌(主要是商业品牌)来说,市场需求、品牌价值、企业素质、营销渠道、市场环境是品牌创建的5大核心要素,其中市场需求决定营销品牌的定位、品牌价值决定品牌的生命力,是品牌之所以成为品牌的核心和关键;企业素质包括企业家及品牌运营者是影响品牌成败的能动要素;营销渠道影响着品牌的知名度和影响面;包括政府政策、社会文化等外部市场环境对商业品牌的影响也是不容忽视的。

根据影响商业品牌的5大核心要素——市场需求、品牌价值、企业素质、营销渠道、市场环境,从传播学和市场营销学的角度看,可以将影响科普文化品牌创建的主要因素归纳为五大方面。

1. 社会公众的科普需求　　科普文化品牌建设是建立在对客户(社会公众)需求的深刻理解的基础上的,长期互利共存,协同发展。一些知名科普文化品牌之所以得到了广大市民的热情参与和普遍认可,关键在于品牌主题、科普内容对接了人们日常生活需求,容易引起市民共鸣。因此,科普文化品牌培育要从百姓的实际需求和切身利益出发根据不同人群(老年人、青少年、在职人员、男性、女性)的特点和具体需求(表),选取贴近生活、贴近百姓的主题和内容(表 11.2)。

表 11.2 不同人群的科普文化需求

重点人群	主要特点	科普文化需求
城镇劳动人口	第二、第三产业从业人员;担负着我国工业和服务业发展重任	就业、择业、创业等方面的知识和技能
农民	第一产业从业人员,数量大,整体科学素质和整体生活水平不高	依靠科技脱贫致富、科学安全生产等方面的科技知识和技能
公务员和领导干部	国家行政职能的具体执行者和实施者,行政活动的决策者、组织者、指挥者和操作者	科学决策、科学管理、创新政策和战略等
未成年人	未来的农民、工人、公务员或领导干部;主要是学生;正从事科学知识的系统学习	实践动手、科学探究等方面的知识、活动等
社区居民、老年人	年纪较大、新知识新技术的接受能力较弱,对自身身体健康、家庭生活比较关注	食药安全、健康、社区文艺活动等方面的知识和内容

2. **科普文化品牌自身的内涵及价值** 对商业品牌而言,质量是品牌的本质和生命;对文化品牌而言,文化内容及社会价值是品牌的生命。离开质量或价值去谈品牌都是空中楼阁。从长期来看,科普内容的选择对科普文化品牌的影响是最主要和最持久的。因此,要创建真正具有影响力和效益度的科普文化品牌活动及项目,就要组织专门人员,认真研究、精心挑选科普内容,要挑选那些群众喜闻乐见的、易于接受的内容,要把深奥的科学理论与群众日常生活中的常见现象结合起来,使他们喜欢接受、容易接受。科普文化品牌建设要以品牌的核心价值贯彻于活动、服务、传播各个环节。只有科普内容对社会公众具有较强的吸引力,才能让品牌价值形成广泛的社会影响力。因此,要在科普文化品牌内容和价值方面,要注重贴近社会公众的日常生产生活需求。特别是在当前新媒体、自媒体时代,要更多选用影视、动漫等多媒体内容作品,同时注重科学性、严谨性与娱乐性的统一。

3. **科普文化品牌的运营主体** 科普文化品牌的运营主体主要包括各类科普机构和科普工作者。运营主体的业务素质、运作机制往往决定着品牌的质量和价值。例如,对科普活动品牌而言,科普活动者自身的知识水平、对科普内容的把握程度、传播知识信息的技巧和能力、在观众心目中的认可程度等要素都是重要的影响要素。一般而言,科普活动者自身的知识水平越高、对科普内容把握得越好、传播知识的能力越强、在受众中的认可程度越高,其所带来的科普绩效也可能越好、越持久。

4. **科普媒介及渠道** 在品牌产品极大丰富的今天,"好酒也怕巷子深",无论是同类品牌产品还是替代品牌产品,可供用户选择范围极大,再好的品牌如果没有适当的推广传播,就可能郁闷终生。优秀的品牌必须利用有效的传播工具和手段进行品牌传播。科普媒介就是传播科普内容、信息知识的形式、样式等。媒介对科普文化品牌的影响也是直接和明显的。不同的科普形式产生的效果会有很大的不同,因而应选择那些群众易于接受的、容易产生效果的、形式多样的科普形式进行科普文化品牌的宣传和推广。在科普活动中,要注重科普形式的多样化和大众化。

5. **社会文化环境** 社会环境因素如城市的经济发展水平和教育水平、社会创新文化氛围、政府管理及政策、品牌自身的发展时间都会影响到品牌建设的成效。一是科普社会化程度。一般而言,科普的社会化程度越高,全社会对科普的认识和接受程度越高,科普文化品牌就越有可能形成巨大的市场需求,从而形成广泛社会影响力和知名度。二是全社会创新文化氛围。通常在一个崇尚科学的文化环境中,公众对科普的需求可能强烈,科普文化品牌的培育和发展也可能越好。三是政府的政策及扶持。一般来说,政府对科普的重视程度越高,品牌的创建也就越有保障。例如,政府官员带头参与科普活动往往能对其他受众产生示范和带动效应,从而加快科普活动的品牌化进程。

（二）科普文化品牌建设的基本模式

科普文化品牌的创建是一个系统工程,通常具有一定的周期和较长的过程。由于科普文化品牌自身属性的特殊性,其建设除了遵循一般商业品牌创建的基本规律外,还要考虑科普事业和科技创新发展规律。随着现代品牌理论和实践的不断发展和完善,在品牌建设理论方面已经有非常系统全面的研究,不同专家学者在不同的假设下提出了各自的品牌创建方法和模式。这些基本方法和模式通常具有较高的适用性,不仅符合诸如企业商业品牌的创建规律,对科普文化品牌的创建也具有重要启示意义和参考价值。

1. 消费需求导向的品牌创建模式　　美国著名营销大师戴维·阿克在其著作《创建强势品牌》中详细阐述基于驱动性理念的品牌创建模式。该模式的实质是从消费者（社会公众）的消费（科普）需求出发,设计品牌的内容及表现形式,也可称为消费需求导向的品牌创建模式,其创建过程可分以下三个步骤。

第一步是进行品牌的战略分析。发现和挖掘品牌驱动消费行为、吸引社会公众的核心要素。任何品牌都必须拥有一群忠诚的核心消费群体,科普文化品牌也不例外,科普文化品牌活动及项目通常都拥有特定的社会群体。创建科普文化品牌,需要在品牌策划阶段进行战略分析,确定品牌的核心对象,对品牌的核心对象（消费者）进行深入、详细的了解和分析,以建立与社会公众（消费者）的深层次的稳定关系。

第二步是设计品牌识别系统。揭示品牌识别的驱动性理念的重要一步就是构建品牌识别系统。对商业品牌特别是有形产品而言,其识别系统往往就是产品本身及其相关的标识符号。对科普文化品牌特别是科普活动、科普内容、科普传播渠道等文化品牌而言,由于其通常缺乏明确的实物载体,因此,科普文化品牌的识别系统往往是通过相应的标识符号、核心内容来体现的。

第三步是制定品牌实施策略。品牌的核心消费群体和核心内容（标识）基本确定后,就需要通过一系列的策略来加以实施和推广,对科普文化品牌而言则主要包括建立专门的运作设计团队、加大宣传推广力度、争取各方面的资源支持及对品牌实施情况进行定期的绩效评估和反馈,从而促进品牌持续发展。

在上海,星期8小镇就是基于社会公众的亲子教育需求导向而形成的科普教育基地知名品牌。作为一个寓教于乐的情景体验天地,星期8小镇是专为3~13岁孩子创建的角色扮演主题乐园,设置了45个主题场馆,每个主题馆设计皆具有较强的真实感,可为孩子提供8大领域、50类行业的70多种社会角色扮演内容,让孩子在逼真的环境氛围中,通过亲自动手参与、快乐的角色体验,激发自己的潜能与兴趣,全面提升孩子动手能力、协调、统筹能力、团队合作、与他人相处的能力及战胜挫折的能力。

2. 服务供给导向的品牌创建模式　　在市场营销学领域,还有一种品牌创建模式被广泛采用,这就是所谓的 CBBE 模型,即消费者品牌资产(Customer-Based Brand Equity, CBBE)模型,该模式最早是由美国著名学者凯文·莱思·凯勒提出来的。与消费需求导向的模式不同,该模式虽然也会考虑到市场和消费者的消费习惯和爱好,但其出发点是从企业或服务提供者的角度来思考和创建品牌的。CBBE 模型主要围绕两个核心问题展开:一是哪些要素构成一个知名品牌;二是企业如何构建一个知名品牌。

按照 CBBE 模型,品牌资产由四个不同层面构成,即这四个层面具有逻辑和时间上的先后关系:先建立品牌识别,然后创建品牌内涵,接着引导正确的品牌反应,最后缔造品牌与消费者关系。同时,品牌识别、品牌内涵、品牌反应及品牌关系这个四个层面又依赖于构建品牌的六个维度:品牌特征(brand salience)、品牌表现(brand performance)、品牌形象(brand imagery)、消费者评判(consumer judgment)、消费者情感(consumer feeling)和消费者共鸣(consumer resonance)。其中,品牌特征对应品牌识别,品牌表现与品牌形象对应品牌内涵,消费者评判和消费者情感对应品牌反应,消费者共鸣对应品牌关系。

按照这一模型构建科普文化品牌,要以品牌设计和传播为核心,将科普内涵融入品牌特征、品牌表现、品牌形象及消费者(社会公众)体验当中,通过特色的科普体验和科普内容营造鲜明的品牌识别系统,进而创建优秀的科普文化品牌。

"十二五"期间,上海推出的社区创新屋项目就是一种服务供给导向的品牌创建模式。2008 年全球金融危机之后,科技创新的重要性日益突出,世界新一轮科技革命和产业变革蓄势待发,全球创新创业进入高度密集活跃期,传统的创新模式正发生革命性变化,创新创业由小众走向大众、由精英走向草根,出现了大众创业、草根创业的"众创"现象。在这个背景下,为了向公众弘扬科技创新精神、倡导科学方法、提高公众创新意识和动手实践的能力,上海市科委会同市委宣传部、市精神文明办和市文广影视局共同启动实施了社区创新屋建设,致力于为社区居民搭建一个"动手参与、激发创意"的科普实践平台。社区创新屋面向社区居民和社会公众,组织开展各类创意制作和创新实践活动,目前已成为社区居民"动手参与、激发创意"的良好展示舞台,在浓郁全市科普宣传氛围、提升市民创新意识和科学素质、促进创新创业文化建设中发挥了不可或缺的功能作用。2015 年,社区创新屋荣获"上海市公共文化建设创新项目"。

三、《少年爱迪生》概况及其品牌特色

大型青少年科学梦想秀《少年爱迪生》是上海电视台新闻综合频道推出的一档原创节目,由上海市科委、上海市教委和上海广播电视台联合主办,自 2013 年创办以来已连续举办 6 季,成为上海青少年、家长和老师最熟悉喜爱的科普电视节目之一。2015 年的第三季《少年爱迪生》首播平均收视率为 3.9%,节目的峰值收视达到 5.4%,位居上海地区首位,连续 2 次获得亚洲电视大奖最佳儿童节目提名奖,并且被评为"上海市未成年人思想道德建设 10 大品牌"之一。

作为一项体现青少年特点、充满时代气息的电视科普节目和全新的青少年梦想秀,《少年爱迪生》突出科技教育功能,通过设置开放性题目、向全社会征集发明创意、让青少

年展示自己的新奇发明,让收看节目的家长们不仅能看到新奇的发明、聪明可爱的孩子,还能学习到这些孩子背后的教育模式,挖掘孩子们的成长历程。总体上看,《少年爱迪生》具有以下特点。

(一)在品牌对象上,以青少年为主体

《少年爱迪生》注重从青少年天真好奇的本性出发设计活动内容、科普载体和传播形式,引导青少年学生并带动身边的同学、老师及家长参与科学秀等科普学习、交流、互动,形成科普传播新模式。青少年学生及家长是少年爱迪生节目的主要收视人群,以第三季《少年爱迪生》为例,其观众年龄集中在 4~14 岁和 35~65 岁两大阵营,有效锁定了青少年和家长群体。其中,初中、大学以上学历观众为收视主体,对于以"少年"作为主角的电视节目而言,这是非常有"含金量"的收视表现。这种具有参与性、互动性、综合性的科学秀活动,符合青少年学生的学习规律和个性特点,有利于激发他们的科学兴趣和求知求学欲望,增强他们的实践动手能力和科学探究精神。

(二)在品牌价值上,以科技教育为核心

科技教育是《少年爱迪生》的本质特色。节目融入现代科学教育基本理念,从青少年学生探索实践、创意创造的视角描述和想象科技创新,融入大量科幻元素,展现青少年天马行空的奇思妙想,凸显出整个节目的创新基调。在节目内部,也采用了大量科幻色彩的设计和特效制作,凸显整个节目的科学创新氛围。

《少年爱迪生》以传播科学、体验探索、培育青少年的创新意识和能力为根本宗旨,有效融合舞台表演、科学实践与互动交流等多种形式,讲述或表达科学知识,从而培养和提升广大青少年学生的综合科学实践能力和创新意识。在节目中,青少年学生综合运用已知的科学知识、科学方法,进行发明创造,通过表演、秀等形式进行展示和传播,既能让青少年学生综合运用已知的科技知识,也能让他们对未知的科学知识开展实践探究得到掌握;不仅让青少年学生参与科普学习,更通过一系列有趣的传播和表达方式向更多读者传递科普知识和理念,是新时代科学传播的新方式和新载体。

(三)在品牌标识上,以科学探究为特色

与传统的科普活动或形式相比,《少年爱迪生》更加突出双向互动及青少年学生的实践参与和自主探索。在节目中,青少年学生既是科技知识的应用者、基本科学理论和方法的实践者及科技新发明新创意的探索者,也是科技知识、科学方法、科学思想和科学精神的传播者,从而让青少年学生实现自主参与、自主传播、自主学习和自我提高,有利于他们在实践创作中接受科普知识、掌握科学知识、锻炼和提升科学实践、演讲、展示及表达等方面的综合能力。

四、《少年爱迪生》品牌创建的主要做法

通过 6 季(届)的探索和实践,《少年爱迪生》已成为上海乃至全国青少年学生最熟悉喜爱的科普节目之一,形成了良好的社会效益和国际影响力,对促进上海科普事业发展、激发青少年学生的科学兴趣、增强他们的创新意识和动手实践能力起到了积极作用。品牌建设往往需要较长时间的培育和打造,但《少年爱迪生》经过 5~6 年的发展就成为一个为广大青少年学生喜爱的科普节目,并获"第 20 届亚洲电视大奖最佳儿童节目提名奖",

成为上海科普工作国际化和品牌化的重要亮点,归纳起来,其成功发展与以下四个方面的因素是分不开的。

(一)拥有专业化团队支撑

1. 拥有专业策划制作团队　《少年爱迪生》的制作团队在上海东方传媒集团有限公司(SMG)电视新闻中心长期深耕教育类节目,对中国教育有着深刻的认识和积累。《少年爱迪生》节目组有8个编导,每个人既是选角导演又是执行导演,在录制现场也身兼多职。他们都有着丰富的科技教育节目制作经验,对选手们有着深深的感情。作为全新的青少年梦想秀,《少年爱迪生》完全没有任何可以参照的模式,包装团队、剪辑团队一开始就和节目制片人、导演就节目策划、节目制作等内容进行了深入、反复的沟通和讨论,全程跟踪现场录制和选手的幕后情况,致力于完全抛开以往《极限挑战》《奔跑吧兄弟》中的娱乐手法,做一台真实、自然的,真正表现孩子梦想的真人秀。

2. 拥有知名的专家导师　《少年爱迪生》邀请知名人士及"启明星计划""扬帆计划"学者等科技专家担任梦想导师,帮助青少年成长。例如,上海纽约大学校长俞立中校长已经连续4季担任《少年爱迪生》节目的导师。第三季新加入了三位导师:著名节目主持人袁鸣、拥有400多项发明的中国台湾地区发明家邓鸿吉、90后天才创客薛来。这些导师不仅为选手们梦想助阵,同时也将投入自己的资源,为孩子们的作品孵化带来帮助和提升。

(二)突出全球化发展视野

全球化视野和多元化理念是影响节目成果的重要因素。虽然该节目是一档上海地面频道的节目,但是《少年爱迪生》却将视野扩展到了全球,第三季《少年爱迪生》吸引了来自17个国家与地区数千名小发明家的热情参与,有38组选手进入电视比赛,秀出的作品涵盖物理、化学、电子工程、生命科学等多个学科。孩子们的选择非常的多元,有美国华人、阳光少年、留守儿童、自闭症儿童;有家庭条件好的也有工薪家庭的,甚至家庭困难的。多元的社会背景、教育背景,共同呈现的就是一幅真实的社会教育群相。

到第四季,节目吸引了来自24个国家与地区的数千名少年创客,发明作品涵盖物理、化学、工程、生命科学等多个学科。例如,来自美国的世界青少年科学与工程大赛冠军Joshua Zhou带来自己研制的纳米级粉末,只要被可见光照一下就可以自动分解净化污水,马上就能喝。来自中国台湾地区的选手江承蔚带来了自己发明的轮椅操控器。与传统电动轮椅不同的是,它可以自由地在普通轮椅上进行拆装,从而更方便使用。

(三)注重社会化宣传推广

应用"互联网+思维"推广节目。为增强节目的吸引力,开发团队还为《少年爱迪生》度身定做了游戏、选手投票等手机应用,实现了电视端与移动端的多屏互动。同时,从2014年开始,新闻综合频道每年开辟黄金时间播出这样一档正能量的节目,为上海创建全球科创中心带来未来创新基因。节目不仅取得了良好的收视,在网络上也吸引了大量年轻人群参与,网络参与人数达到2 000多万,《少年爱迪生》微信公众号的活跃粉丝与已超过130 000人。

(四)注重持续性培育打造

同类的许多节目由于尚未建立其良性的运作机制,往往只举办了1~2季(届)就难以持续下去。《少年爱迪生》则已连续举办 4 季,且一季比一季更好,参与人数和收视率逐步增加,优秀作品不断涌现,已成为上海乃至全国知名的综合性青少年科普电视节目。《少年爱迪生》第一季只是常规节目《超级家长会》的暑期特别节目,第二季则侧重于青少年新奇发明的展示。第三季开始进行重新定位,突出"教育"功能,定位为了"成长没有定式,未来无限可能"。到 2016 年的第四季已成为国内外知名的科普电视节目,吸引了来自 24 个国家与地区的青少年学生参与。

五、进一步提升《少年爱迪生》品牌影响力的对策建议

(一)坚持需求导向

少年儿童类的电视科普节目只有获得少年儿童的青睐才能提高收视率,因此,了解青少年对科普节目制作要素的要求和偏好,是制作出让少儿满意的科普节目的制胜法宝。《少年爱迪生》在后续的发展中,要选择观众关心、在意的题材,吸引观众的注意力。

(二)突出科技特质

科学性是电视科普节目的生命线,少年爱迪生要进一步突出科技教育的核心价值,把握选题与内容的科学性。除了保证节目播出数量、节目抵达率之外,节目制作要准确把握节目的科学性、趣味性、广博性及实用性。要从选题、制作团队的科学技术把握能力、主持人的科学知识掌控水平等各个方面来协助打造节目的科学品质。

(三)注重品牌营销

节目策划要强调市场意识和营销意识,加强品牌营销的宣传策略,注重利用网站、微博、微信等自媒体增强节目与观众的互动性,全面掌握观众对节目的建议和评价,并针对观众的建议进行自我改进,及时对节目进行完善,使节目更受观众的喜爱。

(四)强化资源共享

重点是专家资源与名人资源的融通,电视台要注重利用沪上知名高校和科研院所的丰富科技资源和人才智力要素。节目制作可邀请文艺界、娱乐界的名人担任节目主持人,增强主持人在节目中的作用,强化节目主持人与知名科技教育专家的融合,从而提升节目的科学性和娱乐性,进一步提高节目的收视率和影响力。

主要参考文献

学术著作类

埃里克·布伦塞尔.在课堂中整合工程与科学[M].周雅明等,译.上海:上海科技教育出版社,2015:118-123.

毕佳,龙志超.英国文化产业[M].北京:外语教学与研究出版社,2007.

曹宏明,李健民.全球科技创新中心战略与上海科普事业发展[M].上海:上海交通大学出版社,2018.

大卫·艾克.创建强势品牌[M].李兆丰译.北京:中国劳动社会保障出版社,2004.

大卫·赫斯蒙德夫.文化产业[M].张菲娜译.北京:中国人民大学出版社,2007.

戴维·H·乔纳森等.学习环境的理论基础[M].郑太年等译.上海:华东师范大学出版社,2002:2-16,54-78.

科埃利,拉奥,奥唐奈,等.效率与生产率分析引论[M].王忠玉译.北京:中国人民大学出版社,2008:173.

莱斯利·P·斯特弗,等.教育中的建构主义[M].高文等译.上海:华东师范大学出版社,2002:3-31.

李克特.科学是一种文化过程[M].北京:生活·读书·新知三联书店,1989:53-88.

彭翊.中国省市文化产业发展指数报告(2014)[M].北京:中国人民大学出版社,2013:35-50.

乔万尼·卡拉达.科学家传播能力指南[M].王大鹏译.北京:中国科学技术出版社,2017:6.

任福君.中国科普基础设施发展报告(2009)[M].北京:社会科学文献出版社,2009.

上海市中小学(幼儿园)课程改革委员会.科学与技术(试用本)[M].上海:上海教育出版社,2015.

谭昆智,林炜双,杨丹丹,等.传播学[M].北京:清华大学出版社,2012:56.

王康友.国家科普能力发展报告(2006~2016)[M].北京:社会科学文献出版社,2017.

王嵩山.差异、多样性与博物馆[M].稻香出版社,1993.

鲜祖德.国民经济行业分类注释[M].中国统计出版社,2008.

张文俊.数字新媒体概论[M].上海:复旦大学出版社,2009:293.

中华人民共和国科学技术部.中国科普统计(2014年版)[M].北京:科学技术文献出版社,2015.

中华人民共和国科学技术部.中国科普统计(2016年版)[M].北京:科学技术文献出版社,2017.

中华人民共和国科学技术部.中国科普统计(2017年版)[M].北京:科学技术文献出版社,2018.

中华人民共和国科学技术部.中国科普统计(2018年版)[M].北京:科学技术文献出版社,2019.

European Science Events Association. Science communication events in Europe [M]. Vienna: EUSCEA, 2005.

Richard. The rise of the creative class[M]. New York: Basic Books, 2002.

Wiebe E. Bijker, Law J. Shaping technology/building society: Studies in socio technical change[M]. Cambridge, Massachusetts: MIT Press, 1994: 42-46.

期刊论文类

包明.高新技术应用于科普产业发展的实践研究——以科普出版业的数字化技术应用为例[J].科技传播,2014,6(20):44-45.

曾国屏,古荒.关于科普文化产业几个问题的思考[J].科普研究,2010,5(1):5-11.

陈江洪.PPP管理模式在科普产业中应用的思考[J].科学对社会的影响,2006,(03):35-38.

陈恩.我国文化产业统计问题研究[J].广东技术师范学院,2010,(2):24-27,138.

陈美华,陈东有.英国文化产业发展的成功经验及对中国的启示[J].南昌大学学报(人文社会科学版),2012,43(5):63-67.

陈套,罗晓乐.我国区域科普能力测度及其与科技竞争力匹配度研究[J].科普研究,2015,10(5):31-37.

陈巍巍,张雷,马铁虎,等.关于三阶段DEA模型的几点研究[J].系统工程,2014,32(9):144-149.

丁鑫,汪京强,王晓燕.长三角区域旅游产业集聚时空格局演变研究[J].皖西学院学报,2014,30(2):115-119.

董全超,许佳军.发达国家科普发展趋势及其对我国科普工作的几点启示[J].科普研究,2011,6(6):21.

董战峰,吴琼,周全,等.建立基于EGSS的中国环保产业统计框架的思路[J].中国环境管理,2016,8(3):65-72.

杜普龙,任旭,郝生跃.我国科普图书出版现状及其对策[J].出版广角,2014,(12):118-120.

段惠军.科技工作者的道德修养与科学文化建设刍议[J].经济与管理,2015,29(2):8.

高宏斌.第八次中国公民科学素养调查结果公布[J].中国科学基金,2011,(1):63-64.

古荒,曾国屏.从公共产品理论看科普事业与科普产业的结合[J].科普研究,2012,7(1):23-28.

郭铁成.新兴产业形成规律和政策选择[J].中国科技产业,2010,(11):60-62.

韩美群.当代西方文化产业区域发展模式评析[J].国外社会科学,2009,(6):108-112.

何洁.加强科普供给侧改革提升全民科学素质[J].科协论坛,2017,(4):10-12.

何薇,张超,高宏斌.中国公民的科学素质及对科学技术的态度——2007中国公民科学素质调查结果分析与研究[J].科普研究,2008,3(6):8-37.

何薇,张超,任磊.中国公民的科学素质及对科学技术的态度——2015年中国公民科学素质抽样调查结果[J].2016,11(3):12-21,52.

侯青云.加强科学文化建设,努力提高全民科学文化素质,深刻认识科学作为文化形态的社会功能[J].科协论坛,1997,(12):7-8.

胡俊平,石顺科.我国城市社区科普的公众需求及满意度研究[J].科普研究,2011,6(5):18-26.

胡萌,邓宏亮,晏辉斌.江西省科普投入产出效率评价:基于DEA模型分析[J].科技广场,2016,(6):82-86.

胡升华."大科普"产业时代来临[J].中国高校科技与产业化,2003,(10):69-70.

回声,潘峰.基于波特钻石模型的合肥会展竞争力要素分析[J].赤峰学院学报(自然科学版),2014,30(8):83-85.

江兵,耿江波,周建强.科普产业生态模型研究[J].中国科技论坛,2009,(11):43-47.

金彦龙.我国科普产业运作机制研究[J].商业时代,2006,(36):77-78.

阚成辉,袁白鹤.中国科普产业内向国际化效应分析[J].科技和产业,2012,(1):15-18.

柯文慧.对科学文化的若干认识——首届"科学文化研讨会"学术宣言评介[J].科学对社会的影响,2003,(02):40-44.

劳汉生.我国科普文化产业发展战略框架研究[J].科学学研究,2005,(2):213-219.

劳汉生.我国科普文化产业发展战略(思路和模式)框架研究[J].科技导报,2004,(8):55-59.

黎巍巍,王龙.重庆自然博物馆新媒体运营现状分析与思考[J].新媒体研究,2019,5(13):72-75.

李朝晖,任福君.从规模、结构和效果评估中国科普基础设施发展[J].科技导刊,2011,29(4):64-68.

李健民,杨耀武,张仁开,等.关于上海开展科普工作绩效评估的若干思考[J].科学学研究,2007,25(S2):331-336.

李健民.科技创新与科学普及融合发展的思考[J].安徽科技,2019,(07):5-7.

李黎,孙文彬,汤书昆.科普产业的功能分析及特征研究[J].科普研究,2012,7(3):21-29,69.

李黎,孙文彬,汤书昆.科学共同体在科普产业发展过程中的角色与作用[J].科普研究,2013,8(4):17-26.

李黎,孙文彬,汤书昆.基于三螺旋的科普产业协同创新机制研究[J].科技和产业,2014,14(5):17-20.

李婷.地区科普能力指标体系的构建及评价研究[J].中国科技论坛,2011,(7):12-17.

李蔚然,丁振国.关于社会热点焦点问题及其科普需求的调研报告[J].科普研究,2013,8(1):18-24.

李正风.加强"公共科学服务体系"建设的意义[J].科普研究,2007,(04):7-8.

李正权,李乾晋.论质量管理体系方法[J].标准科学,2010,(10):63-64.

刘波.我国气象科技人才科普积极性的激励研究[J].科技传播,2018,10(24):128-130.

刘大椿.科学文化与文化科学[J].自然辩证法通讯,2012,34(06):1-7.

刘广斌,李会卓,尹霖.我国科普产业统计指标体系构建研究[J].科普研究,2015,10(6):51-57.

刘启强,赵恒煜.全媒体时代的广东科普宣传研究——基于受众的抽样统计分析[J].科技管理研究,2017,37(24):120-130.

刘水.欧洲文化产业研究(一)——英国国家博物馆董事会专访[J].建筑与文化,2009,(10):16-19.

刘萱,王宏伟,马健铨,等.新时代科普机制创新实施路径研究——以北京市为例[J].科学与社会,2018,(8):46-55.

刘颖琦,吕文栋,李海升.钻石理论的演变及其应用[J].中国软科学,2003,(10):138-144.

卢佳新,黄远奕,陈永梅.国内科普网站影响力的影响因子相关性分析[J].科普研究,2015,10(2):69-77.

罗登跃.三阶段DEA模型管理无效率估计注记[J].统计研究,2012,29(4):104-107.

骆珺.英国文化产业如何"亲民"[J].决策探索(下半月),2014,(11):94.

莫扬,张力巍,温超.促进科普产业发展政策措施研究[J].科普研究,2014,9(05):41-48.

倪杰.科技馆知识营销探究[J].科普研究,2012,7(6):29-34.

牛桂芹,章梅芳,吴因,等.基于基础数据的北京市科普企业总名录调研[J].科技传播,2019,11(12):1-5.

潘基鑫,雷要曾,程璐璐,等.泛在学习理论研究综述[J].远程教育杂志,2010,(2):95.

潘津,孙志敏.美国互联网科普案例研究及对我国的启示[J].科普研究,2014,9(1):46-53.

潘津.把青少年科学调查体验活动"众包"出去[J].天津科技,2014,41(05):36-38.

潘文,陈飞.浅论我国科普产业的现状与发展[J]科学咨询(科技·管理),2014(1):11-12.

邱成利.推进我国科普资源开发与建设的若干思考[J].中国科技资源导刊,2015,47(3):1-6,14.

任福君,任伟宏,张义忠.促进科普产业发展的政策体系研究[J].科普研究,2013,8(1):5-12.

任福君,任伟宏,张义忠.科普产业的界定及统计分类[J].科技导报,2013,31(3):67-70.

任福君,张义忠,刘萱.科普产业发展若干问题研究[J].科普研究,2011,6(3):5-13.

任福君.新时代我国科普产业发展趋势[J].科普研究,2019,14(01):38-46,70,108.

任磊,张超,何薇.中国公民科学素养及其影响因素模型的构建与分析[J].科学学研究,2013,31(7):983-990.

任嵘嵘,郑念,赵萌等.我国地区科普能力评价——基于熵权法-GEM[J].技术经济,2013,32(2):59-64.

任伟宏,刘广斌,任福君.我国科普产业统计指标体系构建初探[J].科普研究,2013,8(5):14-20,35.

孙德忠.科学文化及其当代价值定位[J].自然辩证法研究,2005,21(03):87-90.

孙德忠.论科技文化生成和发展的社会条件[J].武汉大学学报(社科版),2007,60(2):179-183.

孙九林.科学文化传播跨界融合有强大生命力[J].中国科技产业,2016,(12):36-37.

汤乐明,苗润莲,胥彦玲,等.移动互联网背景下的科普工作策略研究[J].科协论坛,2015,(3):21-24.

汪中才,尚国营.大数据视野下的高校科普工作新思路[J].经济研究导刊,2016,(22):171-172.

王宾,李群.基于DEA分析的中国科普投入产出效率评价研究[J].数学的实践与认识,2015,45(15):214-220.

王春法.科技事业发展呼唤科学文化建设[J].青海科技,2016,(03):68-69.

王健.基于钻石模型下藏族文化创意产业竞争力评价[J].贵州民族研究,2016,37(1):109-112.

王康友,郑念,王丽慧.我国科普产业发展现状研究[J].科普研究,2018,13(03):5-13,105.
王康友.以习近平新时代中国特色社会主义思想为指导,开启科普研究新篇章[J].科普研究,2017,12(6):5-9.
王晓岚.欧盟科学教育改革探析[J].比较教育研究,2011,(1):86-91.
魏景赋,钱晨曦,郭健全.科普产业发展与税收政策选择[J].物流工程与管理,2015,37(11):208-210.
吴华刚.我国省域科普资源建设水平指标体系的构建及评价研究[J].科技管理研究,2014,(18):66-69.
伍雪梅,童明余.公众科普信息需求调查与对策研究——以重庆地区为例[J].现代情报,2014,34(12):84-89.
肖云,王闰强,王英,等.手机科普产业发展现状与趋势研究[J].科普研究,2011,6(S1):90-97.
谢广岭,周荣庭.信息化时代中国科普传播的现状调查、问题与对策[J].中国科技论坛,2015,(10):39-45.
徐海霞,黎明,李书明,等.新媒体环境学习下学习情绪对认知影响的实证研究[J].上海教育科研,2019,(1):52-53.
徐康宁.开放经济中的产业集群与竞争力[J].中国工业经济,2001,(11):22-27.
许佳军,马宗文,董全超.中国公民科学素质调查与研究[J].中国软科学,2014,(11):162-169.
杨传喜,侯晨阳.科普资源配置效率评价与分析[J].科普研究,2016,11(1):41-48.
杨冬梅.现代科技馆科普产业发展的探讨[J].内蒙古科技与经济,2015,(13):27-28.
杨磊.网络环境对科普的影响及对策[J].经济研究导刊,2015,(11):284-285.
杨绪忠,张玉玲,刘冶.文化产业指标体系研究[J].统计教育,2005,(9):41-44.
杨勇,李素文,包菊芬.科普产业空间集聚度及发展模式识别[J].经济地理,2015,35(3):127-132.
俞学慧.科普项目支出绩效评价体系研究[J].科技通报,2012,28(5):210-218.
俞阳.欧盟推动科学文化资源数字化的主要措施[J].全球科技经济瞭望,2013,28(10):36-42.
翟杰全.国家科技传播能力:影响因素与评价指标[J].北京理工大学学报(社会科学版),2006,8(4):36-39.
张慧君,郑念.区域科普能力评价指标体系构建与分析[J].科技和产业,2014,14(2):126-131.
张开逊.中国科技馆事业的战略思考[J].科普研究,2017,12(01):5-11.
张立军,张潇,陈菲菲.基于分形模型的区域科普能力评价与分析[J].科技管理研究,2015,35(2):44-48.
张雪.基于顾客接触理论的科普公共服务满意度影响因素研究:以泉州市科普公共服务调查为例[J].安徽行政学院学报,2015,6(3):40-45.
张雪.新形势下我国文化产业统计系统优化路径探析[J].同济大学学报(社会科学版),2013,24(3):41-46.
张艳,石顺科.全国科普示范县(市、区)的示范期评价体系构建[J].科普研究,2013,8(05):21-24.
张振克,田海涛,魏桂红.中国科普网站调查研究[J].科普研究,2007,(5):52-58.
章军杰.论科普产业适用文化产业政策的合法性[J].科普研究,2014,9(2):18-22.
章军杰.基于体验经济的科普产业发展路径[J].科普研究,2013,8(3):43-46.
赵宇翔.科研众包视角下公众科学项目刍议:概念解析、模式探索及学科机遇[J].中国图书馆学报,2017,43(5):42-56.
周建平.英国文化产业发展模式透视[J].广东艺术,2002,(10):62-65.
周荣廷,潘琳.科普产业园发展及对策研究——以安徽芜湖为例[J].科普研究,2012,7(3):60-63,96.
诸大建.理解科学文化:中国新世纪科普的战略性课题[J].科技导报,2001,(11):6-9.
卓丽洪,李群,王宾,等.中国地区科普驱动力指标体系构建与评价[J].中国科技论坛,2016,(8):

95-101.

Arne Schirrmacher. Popular science between news and education: a European perspective[J]. Science & Education, 2012, (03): 289-291.

Bentley P, Kyvik S. Academic staff and public communication: a survey of popular science publishing across 13 countries[J]. Public Understanding of Science, 2011, 20(1): 48-63.

Bonney R, Phillips T B, Ballard H L, et al. Can citizen science enhance public understanding of science [J]? Public understanding of science, 2016, 25(1): 2-16.

Brossard D, Shanahan J. Do they know what they read? building a scientific literacy measurement instrument based on science media coverage[J]. Science Communication, 2006, 28(1): 47-63.

Charnes A, Cooper W W, Rhodes E. Measuring efficiency of decision-making units[J]. European Journal of Operational Research, 1978, 2(6): 429-444.

Fábio C Gouveia, Eleonora Kurtenbach. Mapping the web relations of science centres and museums from Latin America[J]. Scientometrics, 2009, 79(3): 491-505.

Fried H O, Lovell CAK, Schmidt S S, et al. Accounting for environmental effects and statistical noise in data envelopment analysis[J]. Journal of Productivity Analysis, 2002, 17(2): 157-174.

Fujun R, Weihong R. Definition of science popularization industry and its statistical classification[J]. Science & Technology Review, 2013, 31(3): 67-70.

Godin B, Gingras Y. What is scientific and technological culture and how is measured? A multidisc tensional model[J]. Public Understanding of Science, 2000(9): 43-58.

Haidy Geismar. Cultural Property, Museums, and the Pacific: reframing the debates.[J]. International Journal of Cultural Property, 2008, (15): 109-122.

Herzele A V, Wiedemann T. A monitoring tool for the provision of accessible and attractive urban green spaces[J]. Landscape and Urban Planning, 2003, 63: 109-126.

Jondrow J, Lovell C A K, Materov I S, et al. On the estimation of technical inefficiency in the stochastic frontier production model[J]. Journal of Econometrics, 1982, 19(2-3): 233-238.

K. Rodger, S. Moore, D. Newsome. Wildlife tourism, science, and actor network theory[J]. Annals of Tourism Research, 2009, 36(4): 645-666.

Koolstra C M. An Example of a science communication evaluation study: discovery07, a Dutch science party[J]. Journal of Science Communication, 2008(6): 1-8.

Lau K C. A critical examination of PISA's assessment on scientific literacy[J]. International Journal of Science and Mathematics Education, 2009, 7(6): 1061-1088.

Luzon M J. Public Communication of science in blogs recontextualizing scientific discourse for a diversified audience[J]. Written Communication, 2013, 30(4): 428-457.

Purnomo H, Shantiko B, Sitorus S, et al. Fire economy and actor network of forest and land fires in Indonesia[J]. Forest Policy and Economics[J]. 2017, 78(5): 21-31.

Ranger M, Bultitude K. The kind of mildly curious sort of science interested person like me: Science bloggers' practices relating to audience recruitment[J]. Public Understanding of Science, 2016, 25(3): 361-378.

Shane S. Cultural influences on national rates of innovation[J]. Journal of Bussiness Venturing, 1993, (8): 59-73.

Ted Sliberberg. Cultural tourism and business opportunities for museums and heritage sites[J]. Tourism Management, 1995, 16(5): 361-365.

Yongwoon S, Dong H S. Analyzing China's fintech industry from the perspective of actor — network theory[J]. Telecommunications Policy, 2016, 40(3): 168-181.

会议论文类

杜伟,谭轶,杨松,等.浅析一种基于数字化的科普产业发展模式[A]//中国科普研究所.中国科普理论与实践探索——第十九届全国科普理论研讨会暨 2012 亚太地区科技传播国际论坛论文集[C].北京:科学普及出版社,2012:449-454.

姜晓东,石强,夏晓珍,等.基层科普供给侧改革——以浙江省博士生科技服务为例[A]//中国科普研究所.中国科普理论与实践探索——第二十三届全国科普理论研讨会论文集[C].北京:科学普及出版社,2016:127-132.

李冲,刘洋.发展科普产业,破解社会力量开展科普困局[A]//中国科普研究所.中国科普理论与实践探索——第二十一届全国科普理论研讨会论文集[C].北京:科学普及出版社,2014:170-175.

王春雷.科学文化视野下的医学科普产业发展政策探讨[A]//中国科普研究所.中国科普理论与实践探索——第十九届全国科普理论研讨会暨 2012 亚太地区科技传播国际论坛论文集[C].北京:科学普及出版社,2012:426-430.

杨铭铎,陈可,吕强,等.基于科普与旅游相结合的科普产业发展的初步思考[A]//中国科普研究所.中国科普理论与实践探索——第十九届全国科普理论研讨会暨 2012 亚太地区科技传播国际论坛论文集[C].北京:科学普及出版社,2012:15-21.

袁江洋.科学文化是理性的人文文化[A]//中国科普研究所科学媒介中心.科学媒介中心 2015 年推送文章合集(上).2016:77-78.

学位论文类

郭敏.城市文化品牌建设的传播社会学思考[D].苏州:苏州大学,2006.
胡鹏.习近平科技思想研究[D].成都:电子科技大学,2018.
李杨.STEM 教育视野下的科学课程构建[D].金华:浙江师范大学教师教育学院,2014.
刘晓静.河南省科普旅游资源分类、评价及开发研究[D].开封:河南大学,2016.
刘莹.云南省科普供给服务研究[D].昆明:云南大学,2013.
齐繁荣.中国科普图书、科普玩具和科普旅游市场容量分析和预测[D].合肥:合肥工业大学,2010.
祁路.城市社区科普服务供给研究——以武汉市洪山区为例[D].武汉:华中师范大学,2017.
宋昕咏.工业品牌建设研究[D].杭州:浙江工业大学,2015.
王东英.泉州市科普公共服务质量研究[D].泉州:华侨大学,2015.
王佳.对差异化公共服务供给机制变革的探讨[D].上海:复旦大学,2008.
肖婷.唐山新科技馆公共服务供给模式研究[D].成都:西南交通大学,2015.
张杰.新时期我国科技馆发展对策研究[D].南昌:南昌大学,2010.
赵胜男.黑龙江民间工艺品文化品牌建设研究[D].哈尔滨:哈尔滨师范大学,2012.
赵亚男.城镇文创产业文化品牌建设研究——以杭州创意良渚基地为例[D].杭州:浙江大学,2012.

报纸文章类

冯华.科普产业大有可为[N].上海:科学导报,[2018-9-18](A02).
耿挺,王阳.向专业化社会化国际化迈进——上海推进公民科学素质工作的回顾和展望[N].上海:上海科技报,[2017-02-15](01).
贺健.上海科普事业发展走在全国前列[N].上海:上海科技报,[2017-08-02](01).

怀进鹏.打造新时代创新发展的科普之翼[N].北京:人民日报,[2018-04-10](012).
江晓原."科学文化"正在取代"科普"[N].上海:文汇报,[2004-01-09].
李宪奇.科普产业:培育经济转型升级的新支点[N].北京:中国科学报,[2017-10-27](003).
刘莉.国办印发《全民科学素质行动计划纲要实施方案(2016—2020年)》[N].北京:科技日报,[2016-03-15](001).
张清俐.开拓文化视野中的科学史研究沃土[N].北京:中国社会科学报,[2013-12-18](B02).
郑念.创新大树需要深厚科学文化土壤[N].北京:科技日报,[2016-03-18](006).

研究报告类

任福君,张义忠,周建强.中国科协科普产业发展"十二五"规划研究报告[R].2010.
中国互联网信息中心.中国科普市场现状及网民科普使用行为研究报告[R].2011.
中国科普研究所.科普产业发展"十二五"规划研究报告[R].2010.
周建强.科普产业发展研究报告[R].2010.
British Museum. The British museum report and accounts 2016-2017.[R]. 2017.
Science Museum Group. SMG annual report and accounts 2017-2018.[R]. 2018.

电子文献

财政部.关于推广运用政府和社会资本合作模式有关问题的通知(财金〔2014〕76号)[EB/OL].2014. http://jrs.mof.gov.cn/zhengwuxinxi/zhengcefabu/201409/t20140924_1143760.html[2018-04-05].
财政部综合司.财政部 中央编办有关负责人就《关于做好事业单位政府购买服务改革工作的意见》答记者问[EB/OL].2017. http://www.mof.gov.cn/gp/xxgkml/zhs/201701/t20170105_2563558.html[2018-04-05].
第九届全国人大常务委员会.中华人民共和国科学技术普及法[EB/OL].2002. http://www.china.com.cn/zhuanti2005/txt/2002-07/04/content_5168563.htm[2018-07-01].
国家发展改革委、科技部、财政部、中国科协关于印发《科普基础设施发展规划(2008—2010—2015)的通知》(发改高技〔2008〕3086号)[EB/OL].2018. http://www.mlr.gov.cn/kj/tzgg_8223/tzgg_8327/201309/t20130924_1274705.htm[2018-07-27].
国家发展改革委.国家发展改革委关于开展政府和社会资本合作的指导意见(发改投资〔2014〕2724号)[EB/OL].2014. http://www.ndrc.gov.cn/gzdt/201412/t20141204_651014.html[2018-04-05].
国务院.国务院关于创新重点领域投融资机制鼓励社会投资的指导意见(国发〔2014〕60号)[EB/OL].2014. http://www.gov.cn/zhengce/content/2014-11/26/content_9260.htm[2018-04-05].
国务院.国务院关于印发"十三五"国家科技创新规划的通知(国发〔2016〕43号)[EB/OL].2016. http://www.gov.cn/gongbao/content/2016/content_5103134.htm[2018-03-10].
国务院.国务院关于印发"十三五"国家科技创新规划的通知(国发〔2016〕43号)[EB/OL].2016. http://www.gov.cn/zhengce/content/2016-08/08/content_5098072.htm[2018-07-01].
国务院.国务院关于印发《全民科学素质行动计划纲要(2006—2010—2020年)》的通知(国发〔2006〕7号)[EB/OL].2006. http://www.gov.cn/zhengce/content/2008-03/28/content_5301.htm[2018-07-01].
国务院.国务院关于印发实施《国家中长期科学和技术发展规划纲要(2006—2020年)》的若干配套政策的通知(国发〔2006〕6号)[EB/OL].2006. http://www.tax.sh.gov.cn/pub/xxgk/zcfg/node92/200609/t20060922_290764.html[2018-07-01].
国务院办公厅,国务院办公厅关于印发全民科学素质行动计划纲要实施方案(2016—2020年)的通知(国办发〔2016〕10号)[EB/OL].2016. http://www.gov.cn/zhengce/content/2016-03/14/content_

5053247.htm[2018-03-10][2018-07-01].

国务院关于印发《"十三五"国家科技创新规划》的通知(国发〔2016〕43号)[EB/OL].2016. http://www.most.gov.cn/mostinfo/xinxifenlei/gjkjgh/201608/t20160810_127174.htm[2018-07-27].

科技部,中央宣传部.科技部 中央宣传部关于印发《"十三五"国家科普与创新文化建设规划》的通知(国科发政〔2017〕136号)[EB/OL].2017. http://www.most.gov.cn/mostinfo/xinxifenlei/fgzc/gfxwj/gfxwj2017/201705/t20170525_133003.htm[2018-07-02].

上海市科学技术委员会.关于印发《上海市科普教育基地管理办法》的通知(沪科〔2014〕539号)[EB/OL].2014. http://www.stcsm.gov.cn/gk/zcfg/gfxwz/fkwwj/339120.htm[2018-08-07].

腾讯公司,中国科普研究所.2016年移动互联网网民科普获取及传播行为研究[EB/OL].2017. http://news.qq.com/cross/20170303/K23DV6O1.html[2018-07-04].

新华社.中共中央办公厅,国务院办公厅印发《国家"十三五"时期文化发展改革规划纲要》[EB/OL].2017. http://www.gov.cn/zhengce/2017-05/07/content_5191604.htm[2018-07-01].

赵中建,龙玫.美国STEM学习生态系统的构建[EB/OL].2015. http://www.aisixiang.com/data/94832.html[2017-02-28].

中共上海市委办公厅,上海市人民政府办公厅.中共上海市委办公厅上海市人民政府办公厅印发《上海市贯彻〈关于加快构建现代公共文化服务体系的意见〉的实施意见》的通知(沪委办发〔2015〕36号)[EB/OL].2015. http://www.shdrc.gov.cn/fzgggz/shfz/zcwj/18961.htm[2018-03-10].

中国互联网络信息中心(CNNIC).第41次中国互联网络发展状况统计报告[DB/OL].2018. http://www.cnnic.net.cn/hlwfzyj/hlwxzbg/hlwtjbg/201803/P020180305409870339136.pdf[2018-03-05].

中国互联网络信息中心.第43次中国互联网络发展状况统计报告[EB/OL].2019. http://www.cnnic.cn/hlwfzyj/hlwxzbg/hlwtjbg/201902/P020190318523029756345.pdf[2019-02-28].

中国科技统计官方网站.2015全国及各地区科技进步统计监测结果(一)[EB/OL].2016. http://www.sts.org.cn/tjbg/tjjc/documents/2016/2015全国及各地区科技进步统计监测结果(一).pdf[2016-11-08].

中国科协科普部,百度数据研究中心,中国科普研究所.中国网民科普需求搜索行为报告(2015年度报告)[EB/OL]. 2016. http://www.crsp.org.cn/keyanxiangmu/chengguofabu/meitikexuechuanbo/0R01B52016.html[2018-07-04].

中国科协科普部,百度数据研究中心,中国科普研究所.中国网民科普需求搜索行为报告(2016年度报告)[EB/OL]. 2017. http://www.crsp.org.cn/keyanxiangmu/chengguofabu/meitikexuechuanbo/060GcH017.html[2018-07-04].

中国科学技术协会.中国科协关于印发《中国科协科普发展规划(2016—2020年)》的通知(科协发普字〔2016〕20号)[EB/OL].2016. http://kphn.cast.org.cn/n891871/n905959/n905963/16990157.html[2018-03-10][2018-07-01].

中国自然科学博物馆协会.凝聚共识、勠力同心,推动科普资源互惠共享——中国自然科学博物馆协会与联合国教科文组织签订合作协议书[EB/OL].2018. http://new.cansm.org/xhzx/1406.htm[2018-07-25].

中华人民共和国国家统计局官方网站.国家统计年鉴2015[DB/OL].2015. http://www.stats.gov.cn/tjsj/ndsj/2015/indexch.htm[2016-11-08].

中华人民共和国科学技术部.关于印发国家科学技术普及"十二五"专项规划的通知[EB/OL]. 2012. http://www.most.gov.cn/tztg/201205/t20120509_94243.htm[2016-11-08].

National Science Board. Undergraduate science, mathematics and engineering education (1986)[EB/OL].

1986. http://www.nsf.gov/nsb/publicantons/1986/nsb0386.pdf[2017-02-28].

The White House.Federal science, technology, engineering and mathematics (STEM) education: 5-year strategic plan[EB/OL]. 2013. https://www.whitehouse.gov/sites/default/files/microsites/ostp/stem_stratplan_2013.pdf[2017-02-28].

The White House. Preparing Americans with 21st century skills science, technology, engineering, and mathematics (STEM) education the 2015 budget[EB/OL]. 2015. https://www.whitehouse.gov/sites/default/files/microsites/ostp/fy_2015_stem_ed.pdf[2017-02-28].

后 记

随着时代的发展,当今的科普场馆已经超越收藏、研究与展示等传统功能,它将是一个呈现文化多样性、凝聚文化认同感的重要平台,是一个激发公众产生思考、创造想法的理想空间。因此,未来不仅要强调科普场馆作为知识传播机构的属性,更要强调其作为文化机构和公共服务机构的属性,突出以"人"为本,为不同文化的交流提供一个对话的平台,使不同文化群体之间能够以包容、平等的心态看待相互之间的差异,促进不同文明的交流互鉴。新时代,如何促进科普场馆可持续发展,让它们历久弥新,我辈任重道远,但愿我们能一如既往,如行者般不断执着前行,为科普事业与产业融合发展尽绵薄之力。

从课题研究报告完稿到本书出版,历时近两年。在这个过程中,我想要表达的感谢太多。

感谢我在华东师范大学攻读硕士学位期间的导师们,他们分别是传播学院的武志勇教授、刘秀梅教授、路鹏程副教授等。在华东师范大学读书的日子是我在学术能力上提升最快的时期,各位导师在专业上悉心地教导我,非常严格地训练我,鼓励我用学术的角度去积极思考,指导我如何做研究,让我对学术研究有所参悟。我的毕业论文被华东师范大学学术委员会评为我们这一届同一专业毕业论文中唯一的优秀硕士论文,我与武志勇教授、刘秀梅教授分别合著的《科技传播学》《数字媒体科技传播创意设计研究》被纳入985高校科学传播专业研究生教材。华东师范大学对我的培养让我在学术研究的道路上多了一份自信。

感谢中国科普研究所的领导和专家们。2018年初,我受邀到中国科普研究所做《新时代如何做好科学传播和科普创作的探索》的专题学术报告,中国科普研究所全体科研人员及博士后参加了报告会。中国科普研究所是直属于中国科学技术协会的中央级公益性科研院所,是中国唯一一所从事科技传播和科普理论研究的国家级机构,感谢中国科普研究所领导和专家们对我的鼓励。同年,我作为项目负责人获得了中国科普研究所"国家科普能力监测与评估"项目的资助。感谢在项目完成过程中,中国科普研究所和各高校教授、博导们给予的意见和建议,让我能够带领着相关专业人员圆满完成课题研究并提交结题报告。

感谢上海博物馆的杨志刚馆长、汤世芬书记、朱诚副书记等馆领导,感谢他们以最开放的姿态、最包容的胸怀让我敢于释放所有的智识和勇气,也感谢他们在我的研究工作中给予的理解、支持和鼓励。感谢上海博物馆原副馆长陈克伦研究馆员在百忙之中为本书审稿,他曾在"上博讲坛"首讲中泪洒讲坛,动情地说:"对于曾经给过博物馆帮助的收藏家,博物馆一定不能忘记,要把他们当作自己人给以关心和帮助,使他们有一种博物馆是自家人的感觉。"他的博学、善良和敬业,从治学到做人,他都是我的榜样!

感谢上海科技馆历任馆领导们,我从一名大学毕业生到硕士研究生,再到文博类高级专业技术人员,如果没有他们在我17年的成长道路上不断鼓励我、培养我,我不可能成长得如此迅速。上海科技馆王莲华书记、杨国庆副书记时常像长辈一样谆谆教诲我,"不管曾经表扬你的人,还是曾经批评你的人,都要看成是促进自己成长成才的动力"。王小明馆长在我到上海博物馆之前对我说:"领导就是给你们年轻人搭平台,提供成长成才的机会,你很努力,到上博继续加油!"感恩、感谢历任馆领导们,他们的人格魅力让我感受到了芬芳。

感谢褚君浩院士、叶叔华院士和钱锋院士,他们都是一直活跃在科学传播领域的科学家,任何时候找他们讨论科学研究方面的问题和市府提案议案等,他们都会留出宝贵时间,不吝赐教;感谢中国科协原副主席、党组副书记、书记处书记齐让,他虽身居高位,但是对我们后辈没有一点架子,传授给我们很多宝贵的经验,感谢他对我们这些后辈的提点和鼓励;感谢在科学传播研究领域极富影响力的专家中国科技大学汤书昆教授和周荣庭教授给予我的指引和帮助。

感谢中国科普研究所科普政策研究室主任郑念研究员,在他的悉心指导和大力支持下,在中国科普研究所领导的关心下,课题组顺利完成了《科普场馆产业发展能力研究》一书,同时在课题研究过程中,产生了多篇学术论文,并分别入选《国家科普能力发展报告蓝皮书(2019)》和《中国科学院院刊》《自然辩证法研究》《科普研究》等北大中文核心期刊。

感谢课题组内的专家们,大家齐心协力、分工合作,不辞辛劳地奔赴全国各地调研,撰写调研报告,付出了大量心血和艰苦劳动,才有了今天的成果,感谢大家对我作为项目负责人的信任!本书是集体智慧的结晶,各位作者或在博物馆、科技馆一线工作,或在高校、研究所从事科学传播领域的教学与研究工作,均有较强的科普研究与博物馆研究等方面的理论、实践经验。

感谢上海市科普教育基地联合会、四川省科普基地联合会、上海科技馆、上海儿童博物馆、上海昆虫博物馆、上海航空科普馆、上海风电科普馆、长风海洋世界、浙江省科技馆、北京天文馆、索尼探梦科技馆、老牛儿童探索馆、中国低碳科技馆、中国地质博物馆、重庆自然博物馆、重庆科技馆、四川科技馆、南京科技馆、南京地质博物馆、福建科技馆、厦门诚毅科技探索中心等科普场馆在课题调研中给予的大力协助。

感谢我的父母,他们教导我要正直、自强,要做对社会有用的人,这些教诲我将一直牢记。我对家人充满歉意,我经常工作、学习到凌晨,时常会忘记对家人的关心,有时候还要出差,如果没有另一半的悉心照顾,如果不是年幼的儿子成熟懂事、自觉学习,我是无法安心做研究的,感谢家人们对我的理解、宽容和关怀,谢谢他们的陪伴。

未来,在科普场馆发展建设中,还有很多值得我们去努力探索,希望我辈能始终保持好奇和谦虚的态度,以科学的方法和精神去观察、去研究,探索未知世界,为祖国的科学文化事业做出积极的贡献!

　　希望本书能对各位读者的研究和实践有所帮助,由于水平有限,可能存在稚嫩、瑕疵之处,诚望批评指正!

　　是为记。

冯　羽

2020年4月于上海

撰 写 分 工

第一章　绪论
　　第一节　科普产业发展意义（冯　羽）
　　第二节　国内外的研究现状（冯　羽-国内部分，侯　君-国外部分）
第二章　科普场馆产业发展能力概述（张仁开）
第三章　国内科技馆发展概况
　　第一节　国内科技馆总体情况（佟贺丰）
　　第二节　现状分析与相关建议（佟贺丰　倪　杰　郑　巍）
第四章　科普场馆产业发展的国外案例
　　第一节　英国科普场馆产业发展案例（项德鉴）
　　第二节　日本科普场馆产业发展案例（倪　杰）
第五章　科普场馆产业发展的国内案例
　　第一节　公益类科普场馆产业发展典型案例（冯　羽　何　鑫）
　　第二节　企业类科普场馆产业发展典型案例（王　明　郑　念）
第六章　科普场馆产业发展能力评估体系
　　第一节　产业发展能力评估指标设计（冯　羽　倪　杰）
　　第二节　产业发展能力的评价与测度（倪　杰　冯　羽　朱海菲）
第七章　上海地区典型科普场馆产业竞争力影响要素评价（冯　羽　朱海菲　张建卫）
第八章　基于全国科普统计调查的定量分析（佟贺丰）
第九章　基于2019年全国科普产业数据调查的分析（任嵘嵘　郑　念）
第十章　科普场馆产业发展的困境与对策（冯　羽　倪　杰　项德鉴）
第十一章　新时代科普能力建设的未来
　　第一节　国家科普能力建设未来语境（郑　念　王　明）
　　第二节　中国科学文化建设价值走向（王　明　郑　念）
　　第三节　新时代上海科普发展新战略（张仁开）
　　第四节　上海培育科普文化品牌探索（张仁开）
全书校对：冯　羽　王晨玮
调研协助：张建卫、朱海菲、何鑫、周相荣、梅向群

编 委 简 介

（以姓氏笔画为序）

王　明　湖南科技大学法学与公共管理学院硕士生导师，副教授
王晨玮　上海博物馆，纪检专员
冯　羽　上海博物馆，副研究馆员
朱海菲　上海科技馆，项目助理
任嵘嵘　东北大学秦皇岛分校科学教育研究中心主任，教授
何　鑫　上海自然博物馆，副研究员
佟贺丰　中国科学信息技术研究所，研究员
张仁开　上海市科学学研究所，副研究员
张建卫　上海市科普教育基地联合会秘书长，高级工程师
周相荣　中国船舶重工集团公司第704研究所，研究员
郑　念　中国科普研究所科普政策研究室主任，研究员
郑　巍　上海科技馆，副研究馆员
项德鉴　上海科技馆，馆员
侯　君　华东师范大学，在读博士
倪　杰　上海科技馆，副研究馆员
梅向群　文汇新民联合报业集团总工程师，高级工程师